纳流控富集技术

王俊尧　著

国家自然科学基金青年科学基金项目(51505077)
吉林省科技发展计划优秀青年项目(20170520099JH)
吉林省教育厅"十三五"科学技术研究项目
(吉教科合字〔2016〕第 86 号)

U0319386

科学出版社
北　京

内 容 简 介

　　本书主要介绍作者提出的电动纳流体富集机理及控制方法,该研究可用于描述纳米通道两端电动纳流体富集现象,探索纳米通道壁面电荷、尺寸、形状等物性参数的影响规律,并可以用来衡量电动离子富集倍率大小。全书共 6 章,主要包括以下内容:纳流控富集技术研究内容,微纳通道内电动离子输运理论,微纳通道内电动离子输运的算例,富集微纳流控芯片的制作,电动纳流体富集实验与免疫分析以及今后的研究要点。

　　本书可供微纳流控技术相关专业的研究生、高年级本科生和工程技术人员参考学习使用。

图书在版编目(CIP)数据

纳流控富集技术/王俊尧著. —北京:科学出版社,2018.11

ISBN 978-7-03-059247-7

Ⅰ.①纳… Ⅱ.①王… Ⅲ.①纳米技术-应用-电流体力学-研究 Ⅳ.①O361.4-39

中国版本图书馆 CIP 数据核字(2018)第 245676 号

责任编辑:孙伯元 / 责任校对:郭瑞芝
责任印制:张 伟 / 封面设计:蓝正设计

科 学 出 版 社 出版
北京东黄城根北街 16 号
邮政编码:100717
http://www.sciencep.com
北京凌奇印刷有限责任公司 印刷
科学出版社发行 各地新华书店经销

*

2018 年 11 月第 一 版 开本:720×1000 1/16
2018 年 11 月第一次印刷 印张:7 3/4
字数:156 000
POD定价: 88.00元
(如有印装质量问题,我社负责调换)

前　　言

　　纳流体特征尺度介于量子力学与微流体力学的研究尺度之间。将纳流体与微流体相结合,利用二者结构特征尺寸在限域内变化引起的流阻和双电层等物理特征跃迁产生的跨尺度效应,可以实现微量进样、高倍富集、纯化、DNA 快速分离等功能。其中,微纳流控芯片中的电动纳流体富集是目前的关注重点之一,研究者利用各种微纳流控芯片,获得对诸多蛋白大分子的百万倍以上富集以及荷电小分子的千倍左右富集,提高了系统检测灵敏度。电动纳流体富集在免疫检测、酶促反应等方面得到应用,并有望应用于癌症早期痕量标志物检测。然而,电动纳流体富集机理的研究尚处于起步阶段,缺乏将高密度纳米结构集成到微米结构中的制作工艺,严重影响了电动纳流体富集的性能,这些不足为新理论、新方法、新工艺的研究提供了空间。

　　本书以排斥富集理论为基础,提出一种通过调控给定面积内孔数量实现增强富集倍率的方法,其基本原理是采用不同的聚丙烯酰胺凝胶配比以获得不同尺寸的纳米孔结构,进而获得不同强度的双电层排斥效应,最终实现增强富集倍率的方法。以此方法为基础,建立以电泳-电渗流相对通量衡量富集倍率的指标,通过理论研究揭示给定面积内孔数量变化对电动纳流体富集倍率的影响规律。采用包含不同孔数量的微纳流控芯片进行电动纳流体富集实验,验证通过调节给定面积内孔数量可以增强异硫氰酸荧光素(fluorescein isothiocyanate,FITC)和牛血清蛋白的富集倍率。该方法相对于已有方法的最大优点是以理论为指导、实验为依据,二者相辅相成实现了理论与实验的完美结合,最终找到了有效提供富集倍率的方法。

　　本书为了保障电动纳流体富集实验的顺利开展,提出一种制作集成聚丙烯酰胺凝胶玻璃微纳流控芯片的方法,利用光刻、腐蚀、热键合等微加工技术和基于聚丙烯酰胺凝胶的光敏聚合反应,实现在玻璃微米通道内集成聚丙烯酰胺凝胶纳米塞,从而获得凝胶-玻璃微纳流控芯片。研制三种配比(丙烯酰胺单体和交联剂配比分别为 19 : 1、14 : 1、9 : 1)的聚丙烯酰胺凝胶纳米塞,该凝胶孔径随着交联剂比例的增加而缩小,给定面积内孔数量从 1.2 个/100μm² 增加到 2.4 个/100μm²。该方法相对于已有方法的最大优点是实现了微纳结构的有机结合,避免制造过程中由纳米结构导致的二次套刻或微纳装配所引起的技术壁垒,简化制造工艺,具有操作简单、成本低廉、重复性好等特点。

　　本书为了验证理论方面的研究成果、微纳加工工艺的可能性和芯片性能的优劣,利用激光诱导荧光法开展电动纳流体富集实验,研究给定面积内孔数量和外加电压对电动纳流体富集性能的影响。结果表明:增加给定面积内孔数量和一定范围内增大外加电压有助于提高富集倍率,10nmol/L FITC 的富集倍率可提升 600 倍,0.002ng/mL FITC 标记的牛血清蛋白可实现较高倍率的富集。该实验结果相对于已有成果的最大优点是采用具有纳米网状结构的聚丙烯酰胺凝胶代替纳米通道开展富集实验,大幅提供富集稳定性,而且突破之前报道的蛋白百万量级的富集倍率。同时,提出一种电化学势驱动离子富集的方法,该方法利用不同电极还原性差异产生电化学势,在没有外加电源的条件下,实现微纳流控芯片中的离子富集,基于 Al-Pt、Fe-Pt、Cu-Pt 电极离子富集荧光强度分别为 40.2、27.1、15.0。该方法相对于已有方法的最大优点是实现了电动纳流体在无外部电源条件下的富集,大大缩小实验装置的体积,为电动纳流体富集技术小型化提供一个新的思路。此外,开展电动纳流体富集应用实验——抗体抗原免疫反应,分别采用 FITC 标记兔免疫球蛋白 G(immunoglobulin G,IgG)和偶联磁珠羊抗兔 IgG 作为免疫反应的抗原和抗体,将磁珠固定于凝胶的富集端,实现富集区和免疫反应区的重合有利于免疫反应的高效进行。通过富集低浓度的抗原,提高其与抗体免疫结合的数量,可使免疫反应荧光强度提高 60%,有望改善抗原蛋白的检测限。该方法相对于已有方法的最大优点是实现微磁珠与微纳流控芯片在没有外部磁场控制的情况下的有机结合,为微磁珠在微流控领域内应用提供一个新的思路。

　　富集微纳流控芯片的开发及应用是 DNA 分析、免疫学测定、疾病诊断等领域的大势所趋,而其制造成形技术和芯片富集性能则是目前制约应用和推广的关键难题。本书虽然围绕富集微纳流控芯片的低成本制作方法和电动纳流体富集方法进行了尝试、探究,但仍有许多方面需要进一步研究:①本书主要针对外加电压和给定面积内纳米孔数量对电动纳流体富集倍率进行理论分析和实验验证,对于流体黏度、微纳壁面电荷密度和纳米通道深度的研究尚不系统,其实验验证有待于今后进行深入研究;②凝胶玻璃微纳流控芯片在增强电动纳流体富集倍率方面的优势已通过实验证实,但内部孔径表征等方面工作有待于今后进一步开展。

　　本书研究内容引用了相关文献的观点,部分计算过程和数据来源于已公开发表的著作,在此对相关专家和学者表示感谢。由于作者水平有限,书中难免存在不妥之处,望广大读者批评指正。

目　　录

第1章 纳流控富集技术研究内容

1.1 微流控芯片概述

微流控芯片[1,2]是指在几平方厘米的芯片上,采用微加工技术制作出微沟道、微阀、微泵、微混合腔室和微反应腔室等单元集成的微器件。微流控芯片以分析化学为基础,通过在其上加载试剂和生物样品,实现样品的进样、混合、分离、反应和检测。采用微流控芯片进行样品分析检测具有以下优点[3]。

(1)节约成本:微流控芯片通道特征尺寸一般为几十微米到几百微米,在微流控芯片上进行分析仅需微升量级甚至更少的样品,有利于降低成本,减少环境污染。微流控芯片的微小尺寸有利于降低芯片原材料的消耗和芯片制作成本,当实现批量生产后,芯片的制作成本有望进一步降低。

(2)快速分析与反应:微流控芯片通道长度一般为几厘米,样品分析反应过程在很短时间内便能完成。同时,微流控芯片内检测区域狭窄的特点可以显著增强流体相互扩散和传热传质,有利于提高分析和反应速度。

(3)功能集成:微加工技术可以将多个功能部件集成在一个微流控芯片上,实现片内样品反应、分离、检测等,集成多功能的微流控芯片可以取代目前许多实验设备,如聚合酶链式反应(polymerase chain reaction,PCR)仪、毛细管电泳仪等。

微流控芯片在 DNA 分析、药物筛选、细胞操作、免疫学测定、疾病诊断等方面有着广泛的应用前景。图 1.1 是一种用于疾病诊断的微流控芯片的实物图,Yager 等[4]通过在微流控芯片内集成微阀、微混合器、微过滤器等结构实现了唾液样本的分析。同时,通过在微流控芯片内集成微电极并结

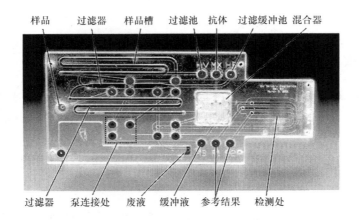

样品　过滤器　样品槽　过滤池　抗体　过滤缓冲池 混合器

过滤器　泵连接处　废液　缓冲液　参考结果　检测处

图 1.1　用于疾病诊断的微流控芯片[4]

合光学传感器实现了人体免疫蛋白的快速检测。此外,Panaro 等[5]、Sun 等[6]和 Murthy 等[7]通过在微流控芯片内集成微柱阵列实现了血液中细胞的分离、筛选、捕捉、培养等。与传统的细胞培养环境相比,微流控芯片提供的微环境与肝细胞在体内肝组织中的环境极为相似[8],有助于延长肝细胞的存活时间[9],同时,采用微流控芯片培养成骨细胞碱性磷酸酶,可以提高其活性三倍以上[10],并且有利于保持细胞的功能性[11]。

1.2　基于微流控技术的样品富集方法

微流控芯片特征尺寸仅为微米量级,限制了检测样品体积,样品有效成分量的不足影响了检测灵敏度,成为微流控芯片应用和发展的重要瓶颈。例如,对吸收分光光度检测法而言,由朗伯定律[12]可知,当溶液浓度一定时,物质对光的吸收程度与光通过的溶液厚度成正比,与特征尺寸在毫米量级或更大的器件相比,微流控芯片通道内样品的吸光度至少降低为原来的千分之一。因此,为了保证样品的精确检测,在样品进入检测点前,需要采用样品富集技术,对样品中的有效成分进行高倍浓缩。

根据待测微量成分的特性采用相应的富集方法,将均匀分布于样品溶液中的待测微量成分富集至一较小体积内,从而提高其浓度至检测下限以上,能实现微量成分的检测。基于微流控技术的样品富集方法主要包括过滤型[13]、固相萃取型[14]、基于介电电泳型[15]、场堆积型[16]、基于蒸发仿生型[17]等。例如,Oleschuk 等[14]利用围堰式填充柱达到固相分离和萃取目的,采用侧通道实现固定相微粒填充和排出,利用 Spherisorb ODS1 作为吸附剂,乙腈作为洗脱剂,BODIPY 作为荧光富集试剂,获得百倍的 BODIPY 富集效果。Walker 等[17]提出基于蒸发仿生原理的微流控样品富集方法,将微米通道内充满水,通道一端储液池采用大液滴覆盖,另一端储液池液面作为蒸发界面,随着蒸发作用的进行,样品逐渐富集于蒸发储液池内,并用直径为 $0.2\mu m$ 的荧光粒子和 FITC 标记的牛血清蛋白进行了实验验证,富集时间长达 28min,初始浓度荧光强度为 0.81,富集后荧光强度可达 0.99。相对于其他微流控样品的富集方法,基于场放大效应的堆积富集方法在效率和应用范围等方面具有优势,是目前微流控芯片使用广泛的富集技术,但需要在充满缓冲液的微米通道中引入低电导率样品液塞,样品扩散影响检测精度,受进样量和压力耗散影响,富集倍率难达到 1000 倍以上。

1.3　纳流控技术应用背景

近年来,随着微纳加工和测试技术的快速发展,纳流控技术成为人们关注的焦点。纳流控主要研究纳米结构特征尺寸在 $1\sim100nm$ 的流体和样品输运[18],这一特征尺寸内的研究展现出与微流控技术不同的物理特性,如双电层(electric double layer,EDL)交叠、流体阻力增大等,主要原因在于纳米通道特征尺寸数量级与德拜长度[19,20]、生物分子大小[21,22]相近,从而为 DNA 测序、蛋白等大分子检测、细胞培养、样品富集等提供了一个新的思路。

采用纳流控技术将 DNA 分子直接导入纳米通道,利用纳米尺度限制效应对 DNA 分子进行拉伸,可实现基于长度依赖和受限环境 DNA 分子快速排序,确定 DNA 分子上基因信息的空间位置[23,24]。同时,采用纳流控技术可以实现免疫蛋白的分离与检测[25~28]。2010 年,Lei 等[29]报道了一种基于纳流控技术的利用悬浮纳米颗粒晶体作为电输出的生物传感器,抗生蛋白链菌素被用来检测磷酸盐缓冲液中的维生素,维生素的检测范围为 1nmol/L～10μmol/L。2011 年,de la Escosura-Muñiz 等[30]提出一种利用纳米沟道进行免疫分析的方法,在没有任何样品处理的前提下,实现了血液中蛋白过滤和检测,利用抗体来修饰纳米通道,抗体的导电性通过两次免疫反应(蛋白和金纳米颗粒)来调节,该系统实现了一种有效的免疫测定法,能够检测到相当于 52U/mL 的肿瘤标志物(cancer antigen 15-3,CA15-3)。此外,采用纳流控技术可以实现细胞的培养和液滴的形成。2010 年,Hung 等[31]制作了具备 9 个纳米点阵列的纳米装置,实现了多种细胞培养和不同阶段癌症细胞系的区分,为人工移植提供了基本设计参数。2011 年,Shui 等[32]采用平板型的微纳流控装置制作液滴,使用高度为 100～900nm 的纳米通道可以生成直径为 0.4～3.5μm 的液滴,生成的液滴可以稳定维持数周。

　　近年来,纳米结构成形技术和微纳系统集成技术的快速发展促进了纳流控技术的研究进展[33,34]。纳米通道双电层交叠排斥效应和尺寸效应会引起蛋白和氨基酸[35]等生物大分子富集和耗尽,利用此现象能实现百万倍样品富集。这里的富集和耗尽分别是指荷电小分子或生物大分子在外加电场和纳米结构的共同作用下,浓度在纳米结构两端升高和降低的现象。

1.4　本书的研究内容

　　微纳流控芯片中的电动纳流体富集是一个新兴的,涉及微纳设计制造、微纳流体输运等多学科并应用于生物医学检测等多领域的交叉研究方向,微纳流控芯片的制作和电动纳流体富集理论与实验研究成为这一研究方向的两个关键内容,微纳流控芯片是电动纳流体富集实验应用的载体,而电动纳流体富集理论和实验研究成果对于芯片结构设计,尤其是纳米通道结构设计,具有重要的指导意义。结合以上对于电动纳流体富集理论、微纳流控芯片制作方法、电动纳流体富集应用等方面国内外研究现状的分析,本书采用数值模拟理论分析微纳通道内电动离子富集现象,研究电动纳流体富集相关参数对富集性能的影响,采用多种方法制作不同基底材料的微纳流控芯片,实现具有高富集倍率和良好稳定性的电动纳流体富集。本书结构框架和主要内容如下:

(1)概述研究背景,论述电动纳流体富集理论研究现状、微纳流控芯片制作方法研究现状、电动纳流体富集应用研究现状,总结电动纳流体富集研究中的现存问题。

(2)构建适用于描述电动纳流体富集现象的、耦合纳维-斯托克斯和泊松-能斯特-普朗克方程组的模型,模拟计算多场耦合电动离子富集过程,定量分析流体黏度、外加电场、微纳通道壁面电荷密度、纳米通道深度、给定长度内纳米通道数量对富集倍率的影响,提出以电泳-电渗流相对通量作为衡量富集倍率的指标。同时,提出以电化学势代替外加电压驱动离子富集的无源富集方法,讨论电渗流对离子富集的影响。

(3)提出一种利用光刻、腐蚀、热键合等微加工技术并基于聚丙烯酰胺凝胶光敏聚合反应,制作玻璃-聚丙烯酰胺凝胶微纳流控芯片的方法。采用微加工技术制备玻璃微纳流控芯片。采用等离子体刻蚀法在聚合物聚甲基丙基酸甲酯(polymethyl methacrylate,PMMA)上制作纳米沟道,并制备聚甲基丙基酸甲酯微纳流控芯片。

(4)采用集成聚丙烯酰胺凝胶玻璃微纳流控芯片、玻璃微纳流控芯片,分别进行电动荧光离子和蛋白富集实验、电化学势驱动荧光离子和罗丹明6G离子的富集实验。同时,将电动纳流体富集实验应用到磁珠抗体抗原免疫反应中,采用电动纳流体富集荧光标记的抗原,与偶联磁珠的抗体结合,进而提高抗体抗原结合的荧光检测信号。

参 考 文 献

[1] 方肇伦,方群. 微流控芯片发展与展望[J]. 现代科学仪器,2001,(4):3-6.

[2] 刘鹏,邢婉丽. 生物芯片技术——21世纪革命性的技术[J]. 生理通讯,2000,19(2):29-31.

[3] 王立鼎,刘冲,徐征,等. 聚合物微纳制造技术[M]. 北京:国防工业出版社,2012.

[4] Yager P,Edwards T,Fu E,et al. Microfluidic diagnostic technologies for global public health [J]. Nature,2006,442(7101):412-418.

[5] Panaro N J,Lou X J,Fortina P,et al. Micropillar array chip for integrated white blood cell i-solation and PCR[J]. Biomolecular Engineering,2005,21(6):157-162.

[6] Sun Y,Yin X F. Novel multi-depth microfluidic chip for single cell analysis[J]. Journal of Chromatography A,2006,1117(2):228-233.

[7] Murthy S K,Sethu P,Vunjak-Novakovic G,et al. Size-based microfluidic enrichment of neo-natal rat cardiac cell populations[J]. Biomedical Microdevices,2006,8(3):231-237.

[8] Powers M J,Domansky K,Kaazempur-Mofrad M R,et al. A microfabricated array bioreactor for perfused 3D liver culture[J]. Biotechnology and Bioengineering,2002,78(3):257-269.

[9] Sivaraman A,Leach J K,Townsend S,et al. A microscale in vitro physiological model of the liver:Predictive screens for drug metabolism and enzyme induction[J]. Current Drug Metab-olism,2005,6(6):569-591.

[10] Liegibel U M,Sommer U,Bundschuh B,et al. Fluid shear of low magnitude increases growth and expression of TGF-β1 and adhesion molecules in human bone cells in vitro[J]. Experimental and Clinical Endocrinology & Diabetes,2004,112(7):356-363.

[11] Ong S M,Zhang C,Toh Y C,et al. A gel-free 3D microfluidic cell culture system[J]. Bio-materials,2008,29(22):3237-3244.

[12] 李昌厚. 仪器学理论与实践[M]. 北京:科学出版社,2008.

[13] He B,Tan L,Regnier F. Microfabricated filters for microfluidic analytical systems[J]. Ana-lytical Chemistry,1999,71(7):1464-1468.

[14] Oleschuk R D,Shultz-lockyear L L,Ning Y B,et al. Trapping of bead-based reagents within microfluidic systems:On-chip solid-phase extraction and electrochromatography[J]. Ana-lytical Chemistry,2000,72(3):585-590.

[15] 朱晓璐,尹芝峰,高志强,等. 基于光诱导介电泳的微粒子过滤、输运、富集和聚焦的实验研究[J]. 中国科学:技术科学,2011,41(3):334-342.

[16] Leung S A,de Mello A J. Electrophoretic analysis of amines using reversed-phase,reversed-polarity,head-column field amplified sample stacking & laser induced fluorescence detection [J]. Journal of Chromatography A,2002,979(1):171-178.

[17] Walker G M,Beebe D J. An evaporation-based microfluidic sample concentration method [J]. Lab on a Chip,2002,2(2):57-61.

[18] Kim S M,Burns M A,Hasselbrink E F. Electrokinetic protein preconcentration using a sim-

ple glass/poly(dimethylsiloxane) microfluidic chip[J]. Analytical Chemistry,2006,78(14):
4779-4785.

[19] Pennathur S,Santiago J G. Electrokinetic transport in nanochannels. 1. theory[J]. Analytical Chemistry,2005,77(21):6772-6781.

[20] Pennathur S,Santiago J G. Electrokinetic transport in nanochannels. 2. experiments[J]. Analytical Chemistry,2005,77(21):6782-6789.

[21] Howorka S,Siwy Z. Nanopore analytics:Sensing of single molecules[J]. Chemical Society Reviews,2009,38(8):2360-2384.

[22] Sexton L T,Home L P,Sherrill S A,et al. Resistive-pulse studies of proteins and protein/antibody complexes using a conical nanotube sensor[J]. Journal of the American Chemical Society,2007,129(43):13144-13152.

[23] Sen Y H,Karnik R. Investigating the translocation of lambda-DNA molecules through PDMS nanopores[J]. Analytical and Bioanalytical Chemistry,2009,394(2):437-446.

[24] Guo L J,Cheng X,Chou C F. Fabrication of size-controllable nanofluidic channels by nanoimprinting and its application for DNA stretching[J]. Nano Letters,2004,4(1):69-73.

[25] Karnik R,Castelino K,Fan R,et al. Effects of biological reactions and modifications on conductance of nanofluidic channels[J]. Nano Letters,2005,5(9):1638-1642.

[26] Jiang K,White I,de Voe D L. Detection of trace explosives by sers using 3-D nanochannel arrays[C]//The 14th International Conference on Miniaturized Systems for Chemistry and Life Sciences,Groningen,2010:2005-2007.

[27] Huang S S,Xu G M,He X X,et al. Au nanochannels technique and its application in immunoassay[J]. Chinese Science Bulletin,2004,49(18):1920-1922.

[28] Schoch R B,Cheow L F,Han J. Electrical detection of fast reaction kinetics in nanochannels with an induced flow[J]. Nano Letters,2007,7(12):3895-3900.

[29] Lei Y H,Xie F,Wang W,et al. Suspended nanoparticle crystal (S-NPC):A nanofluidics-based,electrical read-out biosensor[J]. Lab on a Chip,2010,10(18):2338-2340.

[30] de la Escosura-Muñiz A,Merkoñi A. A nanochannel/nanoparticle-based filtering and sensing platform for direct detection of a cancer biomarker in blood[J]. Small,2011,7(5):675-682.

[31] Hung Y C,Pan H A,Tai S M,et al. A nanodevice for rapid modulation of proliferation,apoptosis,invasive ability,and cytoskeletal reorganization in cultured cells[J]. Lab on a Chip,2010,10(9):1189-1198.

[32] Shui L L, van den Berg A, Eijkel J C T. Scalable attoliter monodisperse droplet formation using multiphase nano-microfluidics[J]. Microfluidics and Nanofluidics, 2011, 11(1): 87-92.

[33] Schoch R B, Han J, Renaud P. Transport phenomena in nanofluidics[J]. Reviews of Modern Physics, 2008, 80(3): 839-883.

[34] Wang Y C, Han J. Pre-binding dynamic range and sensitivity enhancement for immuno-sensors using nanofluidic preconcentrator[J]. Lab on a Chip, 2008, 8(3): 392-394.

[35] Song S, Singh A K, Shepodd T J. Fabrication and characterization of photopatterned polymer membranes for protein concentration and dialysis in microchips[C]//Solid-State Sensor, Actuator and Microsystems Workshop, Hilton Head Island, 2004: 400-401.

第 2 章　微纳通道内电动离子输运理论

本章论述电动纳流体富集理论研究现状,针对微纳通道结构中离子输运富集现象,构建适用于描述电动纳流体富集现象的、耦合纳维-斯托克斯和泊松-能斯特-普朗克方程组的数学模型,用于描述电动离子富集过程。提出电化学势代替外部电源作为电动离子富集的驱动电压,讨论不同电极材料对电化学势的影响,分析电渗流对离子富集的影响。

2.1　基于电动纳流体的富集理论研究现状

2003 年,Pu 等[1,2]采用光刻、湿法腐蚀、热键合技术制作富集玻璃微纳流控芯片,其中纳米通道长 2mm,宽 $100\mu m$,深 60nm,通过在微纳流控系统中施加电场,首次发现了纳米通道两侧存在离子富集耗尽现象,如图 2.1 所示,富集耗尽强度依靠双电层交叠程度,并归因于德拜长度(双电层中扩散层的厚度)和纳米通道高度两者尺寸相当,德拜长度与纳米通道高度的比值越大,双电层的阻碍作用越大[3]。Kim 等[4]则认为当富集耗尽区离子浓度发生较大变化时,纳米通道中的德拜长度不再是一个定值,因此,采用固定德拜长度和纳米通道高度的比值,解释纳米通道中的近似平衡扩散过程不再适用,带电粒子的浓缩改变了微纳界面处电场强度和离子浓度的分布,纳米通道附近的富集产生了强烈的非线性电动流体运动,并反作用于纳米通道离子或分子的输运。2009 年,Wang 等[5]采用泊松-能斯特-普朗克方程组模拟微纳界面处的电动纳流体富集现象,评价了相关参数和样品性质对富集性能的影响,认为纳米通道中电渗流和交叠双电层是引发微纳界面处的富集耗尽现象的原因。

早期,科学家在解释电动纳流体富集耗尽现象时,认为微纳流控芯片内

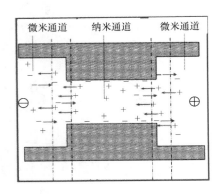

图 2.1　离子富集耗尽过程示意图[1]

阴阳离子均发生富集和耗尽现象,对于阴离子发生富集的原因给出了清晰解释,而对于阳离子发生富集的原因解释不够清楚。电动纳流体富集耗尽现象可以通过排斥富集效应来解释。

2005 年,Plecis 等[6]定量研究了离子耗尽富集对纳米通道选择通过性的影响,理论预测和实验结果均表明静电力是离子富集耗尽过程中的控制力,提出了排斥富集效应(exclusion-enrichment effect)的概念,如图 2.2 所示,反离子(与壁面电荷极性相反的离子)受到壁面电荷的吸引力在纳米通道中富集,而同离子(与壁面电荷极性相同的离子)受到纳米通道壁面电荷静电力的排斥作用而在纳米通道端口处富集。排斥富集效应同时给出了阴阳离子富集的清晰解释。然而,实验发现阳离子是不发生富集现象的,这一点又与排斥富集效应的描述存在出入。

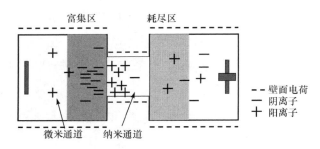

图 2.2　排斥富集效应

2.1.1　样品输运

电泳和电渗流是富集耗尽过程中影响带电粒子分布的两个主要输运形式。近年来，人们结合带电粒子电泳和流体电渗流在输运方向上相反的特点，定量研究影响富集耗尽过程及相关因素。Liao 等[7]采用分子坝纳米结构实现了蛋白富集，将蛋白持续富集归因于电泳力、电渗流力、反向电泳力（即排斥力）三种力的平衡，指出电泳力远大于电渗流力，且排斥电泳力是富集产生的关键性因素。Plecis 等[8]采用电渗流和高度非线性电泳之间的竞争关系，研究了电动纳流体富集过程，认为富集耗尽是非线性电泳产生的原因，带电粒子的化合价和迁移性是决定富集倍率的重要参数。Dhopesh-warkar 等[9]采用带有负电荷的水凝胶塞进行了电动离子富集实验，由于富集耗尽区的扩大和电渗流的瞬间产生，富集倍率主要受到富集耗尽区电场强度分布的影响，富集区的位置依赖于带电粒子电迁移和流体电渗流之间的相互作用。

2005 年，Wang 等[10]通过调节电压促使阴离子的反向运动和电渗流达到平衡，从而实现对富集区域内离子的稳定操作，可以维持若干小时，他们认为，良好的电动蛋白富集稳定性归因于高度一致的孔特征尺寸和形状，而离子富集耗尽引起的微纳界面处离子浓度波动，是导致唐南排斥力变化的主要原因。2008 年，Hlushkou 等[11]分别采用电中性和非电中性的纳米多孔凝胶塞，研究了基于尺寸大小和壁面电荷排斥两种机理的富集过程，其中纳米孔的尺寸小于带电粒子的尺寸。他们的研究结果表明：富集耗尽强烈影响富集耗尽区电场强度的分布，相对于电中性凝胶而言，非电中性凝胶降低了带电粒子的富集倍率，如图 2.3 所示，由于非电中性凝胶双电层交叠引起唐南排斥力作用，蛋白的富集主要发生在距离凝胶端部一定距离的位置。

综上所述，电渗流力和电泳力对电动纳流体富集的影响是相反的。对小分子富集实验而言，壁面电荷引起的静电力是电动纳流体富集耗尽形成的控制力。对大分子富集实验而言，电动纳流体富集耗尽的形成主要依靠电泳力和电渗流力的平衡或基于尺寸效应的阻碍作用，电动纳流体富集耗

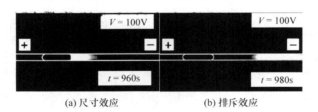

(a) 尺寸效应　　　　　　　　　　　(b) 排斥效应

图 2.3　基于尺寸大小和电荷排斥两种机理的富集过程[11]

尽形成的位置受到壁面电荷引起的静电力影响。可见,双电层交叠引起的唐南排斥力是引起电动纳流体富集耗尽现象的关键因素,其大小直接关系到样品富集倍率高低及富集稳定性,影响唐南排斥力的主要因素包括纳米通道壁面电荷分布、纳米通道端口壁面电荷分布、溶液离子浓度、纳米通道尺寸等[12,13],具体如下。

1. 纳米通道壁面电荷分布

对电中性溶液而言,纳米通道中的电势分布主要依靠通道壁面电荷分布,壁面电荷分布是纳米通道中交叠双电层形成的基础,直接影响纳米通道中离子输运情况,是离子富集耗尽形成的关键因素,引起研究者的广泛关注。2004 年,Stein 等[14]利用泊松-玻尔兹曼理论实验研究了纳米通道壁面电荷密度对离子输运的影响,他们认为纳米通道电导饱和值主要取决于缓冲液浓度和纳米通道高度,通过改变壁面电荷分布可以控制离子输运特性[15]。2011 年,Plecis 等[16]采用体表电荷比(壁面电荷密度与平板通道高度比)研究微纳流控系统中的离子输运情况,体表电荷比的变化会影响选择性预浓缩过程。2011 年,Movahed 等[17]采用泊松-能斯特-普朗克方程模拟了电动离子富集过程,在理论上研究了壁面电荷分布对电势、流体流动、离子输运的影响。结果表明:纳米通道内电势梯度的变化主要受到纳米通道壁面电荷分布的影响,较多的反离子可以穿过纳米通道,较强的壁面电荷密度会提高纳米通道中的流体流速。Daiguji 等[18,19]采用局部加电的方法修饰通道表面,如图 2.4 所示,纳米通道内离子输运情况主要取决于通道壁面电荷分布。

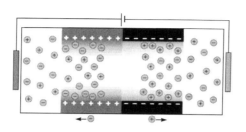

图 2.4　壁面电荷分布对离子输运的影响[19]

2. 纳米通道端口壁面电荷分布

纳米通道端口壁面电荷分布是影响微纳界面处富集耗尽过程的重要因素。2012 年,Chein 等[20]通过数值模拟的方法,研究了不同纳米通道端口壁面电荷极性对微纳系统中离子输运特性的影响。分析结果表明:富集耗尽现象是由纳米通道入口压降促发的,浓度梯度是整个系统离子电流的重要影响因素,当端口壁面电荷极性和纳米通道一致时,对不同缓冲液浓度而言,纳米通道电导存在一个类似的平稳阶段,然而,当端口壁面电荷极性和纳米通道不一致时,电导则呈现不平稳的波动现象。

3. 溶液离子浓度

溶液离子浓度直接影响纳米通道中双电层的厚度,进而影响纳米通道的排斥富集效应,是影响富集耗尽过程的另一关键因素。2005 年,Plecis 等[6]通过实验测量了纳米通道中带电荧光离子的通量,研究了离子浓度对双电层厚度的影响,如图 2.5 所示,对较高的溶液离子浓度而言,双电层厚度较薄,阴离子通量较高,然而,对较低的溶液离子浓度而言,双电层厚度较厚,阴离子通量较低。

4. 纳米通道尺寸

纳米通道尺寸直接影响纳米通道中双电层交叠的程度,进而改变纳米通道内的电势分布和离子分布。2010 年,Bocquet 等[21]研究了纳米通道尺

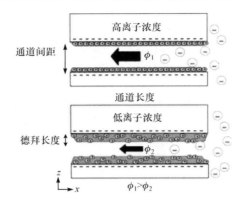

图 2.5　离子浓度对双电层厚度的影响[6]

寸对电势分布的影响,当纳米通道尺寸小于两个德拜长度时,纳米通道内两个壁面双电层会发生交叠并产生唐南电势,如图 2.6 所示。2010 年,Daiguji 等[18]研究了微纳通道中离子浓度和电势分布的差异,微米通道中阴阳离子数量相当,且通道中心处电势为零,而纳米通道中阳离子分布多于阴离子且电势低于零。

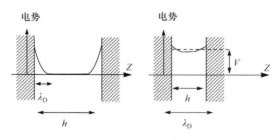

(a) 微米通道及其电势分布

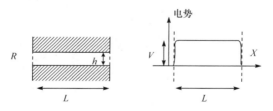

(b) 纳米通道及其电势分布

图 2.6　纳米通道尺寸对电位分布的影响[21]

2.1.2　正负电荷样品的富集差异

在外加电场的作用下,液体和液体内离子会发生规律性的定向输运,电场引起通道内流体以某一速度流动,分布在流体内的离子就会随着流体流动而发生迁移,同时,带电离子向着与其带电极性相反的电极移动。离子和蛋白电迁移时受到纳米通道唐南排斥作用或尺寸效应的阻碍作用,阴离子或带有负电荷的蛋白规律性定向输运被破坏,无法顺利通过纳米通道(壁面电荷为负电荷),从而在纳米通道的一端富集,然而,阳离子或带有正电荷的蛋白不能发生富集。

南京大学夏兴华课题组在研究正负电荷样品的富集多样性方面进行了富有特色的工作,实验验证了阴离子会发生富集,而阳离子不会发生富集的这一理论推断,为揭示电动纳流体富集机理提供了实验依据。2008 年,他们采用电击穿法制作集成纳米筛结构的微纳流控芯片,实验研究了样品电荷极性对富集过程的影响,带有正电荷的罗丹明 6G 与蛋白不能产生富集现象,而带有负电荷的荧光离子可以产生明显富集现象,带有负电荷的蛋白富集倍率十分钟左右可达 $10^3 \sim 10^5$ 倍[22]。2010 年,他们分别采用带负电荷的荧光离子和带正电荷的罗丹明 6G 研究了纳米通道阵列结构对离子富集的影响,荧光离子可以产生富集现象,而罗丹明 6G 不会富集,如图 2.7 所示,并将原因归结于双电层厚度与纳米通道高度相当引起的壁面静电力,阴离子由于受到壁面电荷的排斥力而产生富集现象,而阳离子则可以顺利通过纳米通道[23]。2011 年,他们采用微纳流控芯片进行了蛋白、罗丹明 6G、荧光离子的富集实验,带有正电荷的罗丹明 6G 可以顺利通过纳米通道而不发生富集现象,而带有负电荷的蛋白和荧光离子在纳米通道的前端发生富集现象,蛋白富集倍率可达 $10^3 \sim 10^5$ 倍,电压为 400V,富集有效时间为 100s[24]。

电动纳流体富集倍率是评价带电粒子富集程度的重要指标,较高的富集倍率可以将待测样品浓度提高至其检测下限以上,显著提高其检测灵敏度。2009 年,Zangle 等[25]研究了应用电流对富集耗尽区内的流体流速和富

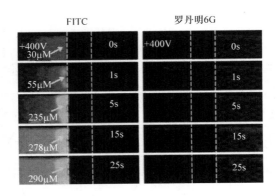

图 2.7　FITC 和罗丹明 6G 富集浓度时间序列图[23]

集倍率的影响,研究发现富集区离子浓度实际上不依赖于应用电流,而流体流速与电流大小存在正向关系。2010 年,Xu 等[23]认为纳米通道数量每增加一次,富集耗尽程度就会平均于增加的纳米通道一次,这导致富集倍率降低。2010 年,浙江大学 He 等[26,27]在基于智能高聚物实现可控富集方面做了富有特色的工作,采用具有温敏伸缩特性的 N-异丙基丙烯酰胺凝胶控制凝胶内部孔隙结构尺寸,在临界溶液温度 32℃以下实现了温控电动离子富集,将富集倍率与凝胶网格孔径尺寸的均匀性和材料异质性关联起来。此外,中国科学院力学研究所李战华研究组在富集过程样品区带边界迁移和流动结构方面开展了深入研究。2011 年,Yu 等[28]研究了富集时间对耗尽程度的影响,实验发现耗尽边界程度对时间存在依赖性,且对于较大倍率存在非线性变化。2013 年,Kong 等[29]通过观察荧光钙黄绿素的方法,研究了电动离子富集过程中的流体特性,实验发现荧光浓度梯度前端形状类似于抛物线,并认为这一界面直接反映了微纳界面的诱导压力。

2.2　基于电动纳流体的富集理论基础

　　根据样品尺寸的不同可以将电动纳流体富集机理分为基于双电层交叠排斥富集效应的小分子(如 FITC 等)富集和基于样品尺寸效应的大分子(如蛋白等)富集,前者主要应用于离子的浓缩富集,由于阴离子受到双电层交叠引起的唐南排斥力作用而不能顺利通过纳米通道,并在其一端富集,而后者主要应用于蛋白等生物大分子的浓缩富集,由于蛋白本身交错长链结构尺寸与纳米通道在相近的数量级上而不能顺利通过纳米通道,同时也受到双电层交叠引起的唐南排斥力的作用。

2.2.1　微纳通道壁面电荷分布

事实上,接触电解液的固体表面都会带有电荷,甚至几乎没有任何离子团的聚四氟乙烯(一种绝缘材料)表面有水时,也会带有电荷,这一现象可能是由氢氧根离子吸附作用引起的。以玻璃为例,由于玻璃表面硅氧键的断裂,玻璃表面产生带有正电性的硅原子和带有负电性的氧原子,此过程可以用式(2.1)表示[30]:

$$=Si\xrightarrow{O-Si=}\quad\xrightarrow{\text{硅氧键断裂}}\quad =Si\begin{matrix}O^-\\O^-\end{matrix}\quad + \quad =Si^{2+} \tag{2.1}$$

带有正电性的硅原子能与水中的氢氧根离子结合并生成表面硅酸,同时,带有负电性的氧原子能与水中的氢离子结合并生成表面硅酸,该过程可以表示为

$$=Si^{2+}+2OH^-\longrightarrow =Si\begin{matrix}OH\\OH\end{matrix} \tag{2.2}$$

$$=Si\begin{matrix}O^-\\O^-\end{matrix}+2H^+\longrightarrow =Si\begin{matrix}OH\\OH\end{matrix} \tag{2.3}$$

由于硅酸是弱酸,进一步发生电离,进而形成带有负电荷的玻璃表面:

$$=Si\begin{matrix}OH\\OH\end{matrix}\xrightarrow{\text{电离}} =Si\begin{matrix}O^-\\O^-\end{matrix}\quad + \quad 2H^+ \tag{2.4}$$

壁面电荷密度 σ 是由固液界面处阴阳离子所带净电荷引起的,其计算公式为[30]

$$\sigma = \frac{\sum\limits_i q_i}{A} \qquad (2.5)$$

$$q_i = z_i e \qquad (2.6)$$

式中,q_i 为第 i 种离子所带电荷;z_i 为第 i 种离子化合价;e 为元电荷;A 为通道表面面积。

2.2.2　微纳通道内双电层分布

双电层[13]由吸附于壁面的反离子层(斯特恩层)和远离壁面的扩散层组成,斯特恩层厚度由反离子层来决定,考虑到其厚度一般为 0.5nm,双电层厚度一般由扩散层厚度来决定。在扩散层中,电势随着德拜长度的增加而呈指数衰减,德拜长度描述壁面电荷分布影响流体内电势分布的程度。假设与溶液接触的固体壁面带有负电荷,反离子在壁面电荷吸引力的作用下,由均匀分布状态变为沿着壁面垂直方向非均匀分布,即紧贴壁面处紧紧吸附一层反离子,远离壁面方向反离子浓度呈下降趋势,同时,在壁面电荷排斥力的作用下,同离子壁面处浓度最低,沿着壁面垂直方向呈上升趋势。在壁面电荷吸引反离子、排斥同离子的作用下,中性且阴阳离子分布均匀的溶液局部呈现非零净电荷量,沿着壁面垂直方向,壁面处净电荷量与反离子极性相同且电荷量最大,沿着远离壁面的方向,反离子净电荷量逐渐减少,如图 2.8(a)和(b)所示。玻尔兹曼方程[30](见方程(2.7))给出了双电层区域内每种离子的局部浓度分布,该模型假设双电层中离子平衡分布,促使离子分布和流体流动直接耦合从而使计算简便。但是,在外加电场作用下,通道中流体的流动会引起双电层中离子的输运,导致双电层内离子分布发生变化,该模型便不再适用。

$$n_i = n_i^\infty \exp(-z_i e \phi / k_B T) \qquad (2.7)$$

式中,k_B 为玻尔兹曼常量;T 为温度。

当双电层厚度和通道高度相差无几时,溶液中两个带电壁面之间的距离一般在纳米量级上,通道中两个带电壁面所对应的双电层扩散层部分发生了交叠,人们将其命名为"交叠双电层"。交叠双电层引起通道内离子分布发生变化,单独考虑某一种离子时,其浓度分布趋势与微米通道中大致相同,所不同的是,在交叠双电层中间区域反离子和同离子浓度分布不再平衡,反离子浓度远大于同离子浓度,且交叠双电层中间区域的电势也不再为零,如图 2.8(c)和(d)所示。

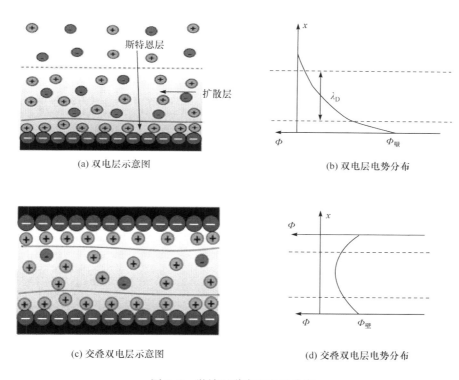

(a) 双电层示意图　　　　　　　　　　　　(b) 双电层电势分布

(c) 交叠双电层示意图　　　　　　　　　(d) 交叠双电层电势分布

图 2.8　微纳通道内双电层分布

2.2.3　微纳通道内电动输运控制方程

将泊松方程求解的电场电势分布代入纳维-斯托克斯方程可以求解流场流速分布,将电势和流速分布代入能斯特-普朗克方程可以求解离子浓度分布,离子浓度分布的变化会导致电势分布和流速分布的变化。

1. 泊松方程

采用泊松方程(2.8)来描述电场电势分布,在微纳通道内电势的分布由外加电场和双电层电势分布耦合而成,空间净电荷密度 ρ_e 由方程(2.9)计算而得[30]。

$$\nabla \cdot (\varepsilon_r \nabla \phi) = -\frac{\rho_e}{\varepsilon_0} \tag{2.8}$$

$$\rho_e = \sum_{k=1}^{N} (ez_k n_k) \tag{2.9}$$

式中,ϕ 为电势;ρ_e 为空间净电荷密度;ε_0 为真空介电常数;ε_r 为相对介电常数;N 为溶液中离子种类数目;e 为元电荷;z_k 为第 k 种离子的化合价;n_k 为第 k 种离子的浓度。

2. 纳维-斯托克斯方程

采用耦合电场力的纳维-斯托克斯方程描述流场分布[5]:

$$\rho_0 (\partial_t u + u \cdot \nabla u) = -\nabla p + \mu \nabla^2 u - \rho_e \nabla \phi \tag{2.10}$$

$$\nabla \cdot u = 0 \tag{2.11}$$

式中,ρ_0 为流体密度;p 为压力;μ 为流体黏度;u 为流体流速,作用于流体的力包括压力梯度引起的压力差 $-\nabla p$ 和电场强度引起的体积力 $-\rho_e \nabla \phi$。

3. 能斯特-普朗克方程

在外加电压下,微纳通道中离子输运和浓度分布由能斯特-普朗克方程控制[5]:

$$\frac{\partial n_k}{\partial t} + \nabla \cdot j_k = 0 \tag{2.12}$$

$$j_k = -\omega_k z_k n_k \nabla \phi - D_k \nabla n_k + n_k u \tag{2.13}$$

式中, j_k、ω_k、D_k 分别为第 k 种离子通量、离子淌度、离子扩散系数,离子总通量主要由离子电泳通量、离子电渗流通量、离子扩散通量组成。离子电泳通量是外加电压作用于带电离子并促使带电离子发生迁移所引起的,对给定离子而言,离子电泳通量主要与外加电压有关并存在正向关系,即外加电压越大,离子电泳通量越大。离子电渗流通量是外加电压导致的流体电渗流携带离子发生迁移所引起的,离子电渗流通量主要与离子浓度和流体流速有关。离子扩散通量主要归因于离子浓度梯度。

2.2.4　微纳通道内电化学势的形成

众所周知,电化学势的产生归因于电极的还原性和溶液的氧化性,图 2.9 展示了微纳流控芯片内基于 Fe-Pt 电极产生电化学势的原理示意图,通过导线连接的 Fe 电极和 Pt 电极,分别插入两个不同的储液池中,储液池通过纳米通道相连接,纳安级电流表用于测量系统的电流变化。Fe 电极上的 Fe 原子被氧化失去电子,成为 Fe^{2+},失去的电子在电场力的作用下沿着电势增高的方向(Fe 电极-导线-Pt 电极)迁移,到达 Pt 电极的电子与溶液中的氢离子结合生成氢气并从溶液中析出。

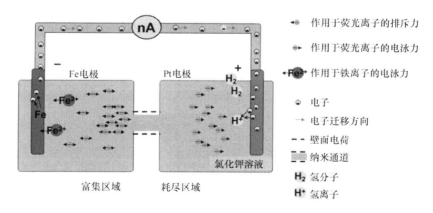

图 2.9　基于 Fe-Pt 电极电化学势驱动离子富集

2.3　电化学势驱动离子富集

2.3.1　离子富集的形成

基于电化学势电动离子富集耗尽现象主要归因于两方面：一方面，电化学势引起的电泳力作用于溶液中的带电离子，阳离子从正极向负极迁移，阴离子从负极向正极迁移；另一方面，纳米通道壁面电荷允许阳离子在纳米通道中输运，相反排斥阴离子并导致阴离子富集在微纳界面处。因此，离子富集归因于电泳力和双电层交叠引起的唐南排斥力的平衡。例如，带有负电荷的荧光离子在电泳力的作用下，从 Fe 电极向 Pt 电极定向迁移，由于纳米通道双电层交叠引起的唐南排斥力导致荧光离子很难穿过纳米通道，而更容易被排斥堆积在微纳界面的负极端形成富集，如图 2.2 所示。

在氧化还原反应过程中，Fe 电极和 Pt 电极之间形成电化学势，方程（2.14）和方程（2.15）分别描述了负极的氧化反应和正极的还原反应，表 2.1 列出了相关电极的标准电化学势。

$$Fe - 2e \Longrightarrow Fe^{2+} \tag{2.14}$$

$$2H^+ + 2e \Longrightarrow H_2 \uparrow \tag{2.15}$$

表 2.1　相关电极的标准电化学势

电极反应	Al	Fe	Cu	H^+
电化学势/V	−1.66	−0.44	0.34	0

2.3.2　电渗流对富集的影响

为了研究电化学势引起电渗流对离子富集过程的影响，本章近似计算了电渗流的大小，方程（2.16）、方程（2.17）分别用来计算电场强度、流体流速，u_i、σ、λ_D、E_i、μ、U_i 分别代表流体流速、壁面电荷密度、德拜长度、电场强度、流体黏度、电化学势。电化学势大小可以通过表 2.1 获得，L_M 为储液池到微纳界面处的微米通道长度，L_N 为纳米通道长度，纳米通道阻值 R_N 为微米通道阻值 R_M 的 2.25 倍，见方程(2.18)，纳米通道等效为一个与微米通道具有相同横截面的等效通道，等效长度用 $L_{N'}$ 表示，其值可以通过方程(2.19)计算而得。

$$E_i = \frac{U_i}{L_M + L_N} \tag{2.16}$$

$$u_i = \sigma \lambda_D E_i / \mu \tag{2.17}$$

$$R_i = \rho L_i / S_i \tag{2.18}$$

$$L_{N'} = R_N L_M / R_M \tag{2.19}$$

$$i = M, N$$

如表 2.2 所示，基于 Fe-Pt 和 Al-Pt 电极电化学势引起的电渗流速度分别为 $2.7 \mu m/s$ 和 $10.2 \mu m/s$，电渗流引起流体从储液池到富集区所耗时间分别为 3703s 和 980s，因此电渗流引起离子输运对富集倍率的影响可忽略。

表 2.2　计算电渗流的相关参数

$\sigma/(mC/m^2)$	λ_D/nm	$\mu/(mPa \cdot s)$	L_M/m	$L_{N'}/mm$	$E_{Fe}/(V/m)$	$E_{Al}/(V/m)$	$u_{Fe}/(\mu m/s)$	$u_{Al}/(\mu m/s)$
−2	100	1	0.01	22.5	−13.5	−51.1	2.7	10.2

参 考 文 献

[1] Pu Q, Yun J, Datta A, et al. Emerging properties of nanochannels[C]//The 7th International Conference on Miniaturized Chemical and Biochemical Analysts Systems, Squaw Valley, 2003:657-660.

[2] Pu Q, Yun J, Temkin H, et al. Ion-enrichment and ion-depletion effect of nanochannel structures[J]. Nano Letters, 2004, 4(10):1099-1103.

[3] Burgeen D, Nakache F R. Electrokinetic flow in ultrafine capillary slits[J]. The Journal of Physical Chemistry, 1964, 68(15):1084-1091.

[4] Kim S J, Wang Y C, Lee J H, et al. Concentration polarization and nonlinear electrokinetic flow near a nanofluidic channel[J]. Physical Review Letters, 2007, 99(4):044501.

[5] Wang Y, Pant K, Chen Z, et al. Numerical analysis of electrokinetic transport in micro-

nanofluidic interconnect preconcentrator in hydrodynamic flow [J]. Microfluidics and Nanofluidics,2009,7:683-696.

[6] Plecis A,Schoch R B,Renaud P. Ionic transport phenomena in nanofluidics:Experimental and theoretical study of the exclusion-enrichment effect on a chip[J]. Nano Letters,2005,5(6): 1147-1155.

[7] Liao K T,Chou C F. Nanoscale molecular traps and dams for ultrafast protein enrichment in high-conductivity buffers[J]. Journal of the American Chemical Society, 2012, 134 (21): 8742-8745.

[8] Plecis A,Nanteuil C,Haghiri-Gosnet A M,et al. Electropreconcentration with charge-selective nanochannels[J]. Analytical Chemistry,2008,80(24):9542-9550.

[9] Dhopeshwarkar R,Crooks R M,Hlushkou D,et al. Transient effects on microchannel electrokinetic filtering with an ion-permselective membrane [J]. Analytical Chemistry, 2008, 80(4):1039-1048.

[10] Wang Y C,Stevens A L,Han J. Million-fold preconcentration of proteins and peptides by nanofluidic filter[J]. Analytical Chemistry,2005,77(14):4293-4299.

[11] Hlushkou D,Dhopeshwarkar R,Crooks R M,et al. The influence of membrane ion-permselectivity on electrokinetic concentration enrichment in membrane-based preconcentration units[J]. Lab on a Chip,2008,8(7):1153-1162.

[12] Zangle T A,Mani A,Santiago J G. Theory and experiments of concentration polarization and ion focusing at microchannel and nanochannel interfaces[J]. Chemical Society Reviews, 2010,39(3):1014-1035.

[13] Daiguji H. Ion transport in nanofluidic channels[J]. Chemical Society Review,2010,39(3): 901-911.

[14] Stein D,Kruithof M,Dekker C. Surface-charge-governed ion transport in nanofluidic channels[J]. Physical Review Letters,2004,93(3):035901.

[15] Schoch R B,Renaud P. Ion transport through nanoslits dominated by the effective surface charge[J]. Applied Physics Letters,2005,86(25):253111.

[16] Plecis A,Pallandre A,Haghiri-Gosnet A M. Ionic and mass transport in micro-nanofluidic devices:A matter of volumic surface charge[J]. Lab on a Chip,2011,11(5):795-804.

[17] Movahed S,Li D. Electrokinetic transport through nanochannels[J]. Electrophoresis,2011, 32(11):1259-1267.

[18] Daiguji H. Ion transport in nanofluidic channels[J]. Chemical Society Reviews,2010,39

（3）：901-911.

［19］Daiguji H,Oka Y,Shirono K. Nanofluidic diode and bipolar transistor[J]. Nano Letters,
2005,5(11):2274-2280.

［20］Chein R Y,Chung B G. Numerical study on ionic transport through micro-nanochannel sys-
tems[J]. International Journal of Electrochemical Science,2012,7(12):12159-12180.

［21］Bocquet L,Charlaix E. Nanofluidics,from bulk to interfaces[J]. Chemical Society Reviews,
2010,39(3):1073-1095.

［22］Yu H,Lu Y,Zhou Y G,et al. A simple,disposable microfluidic device for rapid protein con-
centration and purification via direct-printing[J]. Lab on a Chip,2008,8(9):1496-1501.

［23］Xu B Y,Xu J J,Xia X H,et al. Large scale lithography-free nano channel array on polysty-
rene[J]. Lab on a Chip,2010,10(21):2894-2901.

［24］Wang C,Ouyang J,Gao H L,et al. UV-ablation nanochannels in micro/nanofluidics devices
for biochemical analysis[J]. Talanta,2011,85(1):298-303.

［25］Zangle T A,Mani A,Santiago J G. On the propagation of concentration polarization from
microchannel-nanochannel interfaces part Ⅱ:Numerical and experimental study[J]. Lang-
muir,2009,25(6):3909-3916.

［26］Li Z M,Ma D,He Q H,et al. Thermo-swicthable electrokinetic ion-enrichment,elution and
separation based on a poly（N-isopropylacrylamide）hydrogel plug prepared inside a glass
microchannel[C]//The 14th International Conference on Miniaturized Systems for Chemis-
try and Life Sciences,Groningen,2010:1133-1135.

［27］Li Z M,He Q H,Ma D,et al. Thermo-switchable electrokinetic ion-enrichment/elution
based on a poly（N-isopropylacrylamide）hydrogel plug in a microchannel[J]. Analytical
Chemistry,2010,82(24):10030-10036.

［28］Yu Q,Silber-Li Z H. Measurements of the ion-depletion zone evolution in a micro/nano-
channel[J]. Microfluidics and Nanofluidics,2011,11(5):623-631.

［29］Kong G P,Zheng X,Silber-Li Z H,et al. Observation of the induced pressure in a hybrid
micro/nano-channel[J]. Journal of Hydrodynamics,2013,25(2):274-279.

［30］Schoch R B. Transport phenomena in nanofluidics:From ionic studies to proteomic applica-
tions[D]. Lausame:Lausanne École Polytechnique Fédérale de Lausanne,2006.

第3章 微纳通道内电动离子输运的算例

数值模拟方法是微纳流控芯片中的电动纳流体富集理论研究的重要方法,通过数值计算能够模拟微纳通道内流体和离子的输运情况,定量研究富集相关参数对富集倍率的影响,进而为微纳通道结构设计提供理论依据。有限元法(finite element method,FEM)是一种近似求解偏微分方程边值问题的数值技术。有限元法将微纳界面求解域分成数量不等的被定义为有限元的互联子域,给每个单元赋予一个近似解,通过推导求解微纳界面整个域的满足条件,从而得到电动离子富集的解。本章采用 COMSOL 软件中化学工程模块的能斯特-普朗克方程、微机电工程模块的泊松方程和微流体模块的纳维-斯托克斯方程进行耦合模拟计算,提出以电泳-电渗流相对通量作为衡量阴离子富集倍率的指标,定量分析黏度、外加电压、微纳通道壁面电荷密度、给定长度内纳米通道数量和纳米通道深度对阴离子富集倍率的影响,给出增强阴离子富集倍率的方法,包括降低流体黏度、提高外加电压、增强微纳通道壁面电荷密度、加深纳米通道深度和提高给定长度内纳米通道数量等。

3.1 富集计算与建模方法现状

数值模拟是微纳流控芯片中研究电动富集理论的重要方法,数值模拟能够观测系统内流体和粒子的输运状况,定量研究影响电动富集的主要因素,同时为微纳系统结构设计提供理论依据。目前,电动纳流体富集的数学模拟方法主要包括分子动力学法、连续介质力学法和密度泛函法。

分子动力学法是一种结合数学、物理等学科的,以组成系统的微观粒子为研究对象的模拟方法。该方法采用牛顿力学描述分子的运动,选取势函数来定义分子间的作用力,通过求解系统内分子的动力学方程从而获得系统的微观运动规律,采用统计微观性质来计算宏观性质[1]。采用分子动力学方法研究纳米通道中的离子分布和流体运动特性,可以从介观上观察分子运动细节,具有计算精度高的优点[2],然而,现有模型均假设纳米通道系统呈电中性,建立的模型较为简单,人为设置纳米通道系统内数目一定的阴阳离子,由于计算量大,仅能计算较小空间,难以扩展用于微纳通道内的模拟,因此现有模型往往忽略了纳米通道内离子与外界的交换过程[3]。

连续介质模型是由欧拉在 1753 年提出来的,基于流体内部不存在自由间隙、忽略分子微观运动的假设,主要研究流体宏观运动规律的一种模型。该模型将流体看成由大量小单元组成的不间断连续流体,运用处于不同空间、时间的各个单元参数特征描述系统内流体流动性质[4]。连续介质模型考虑了双电层域内的离子与外界的交换过程,可以获得纳米通道中离子输运过程的物理图像。然而,该模型忽略了离子相关性,例如,忽略离子之间、离子与水分子之间以及离子与通道壁面间的相互作用[5]。

为了准确、高效地计算离子尺寸效应以及连续介质模型所忽略的离子相关性,并考虑分子动力学法所忽略的纳米通道内离子与外界的交换过程,20 世纪 60 年代,密度泛函法在托马斯-费米理论的基础上发展起来,该方法采用粒子密度代替传统量子理论的波函数来描述体系基态的物理性质,可以求解微观体系复杂量子力学方程,并使研究如生物大分子之类的体系成为可能[6]。密度泛函法考虑的离子相关性不仅包括空间位置的相关性,也包括更为重要的静电相关性,密度泛函法已用于模拟多种流体,包括简单流体、双电层和生物离子通道等[7]。

3.2　基于电动纳流体的富集数值计算

3.2.1　基本假设和几何模型

采用经典连续性方程组计算微纳复合通道内的流体流速和离子浓度分

布,在保证数值计算准确性的同时,优化多场耦合计算中庞大的迭代过程以提高硬件使用效率,对溶液中的水分子电离作用、离子体积及碰撞和溶液介电常数做了如下合理的假设:

(1) 不考虑水分子的电离作用。

(2) 忽略离子体积。

(3) 忽略离子之间、离子与水分子之间的相互作用。

(4) 液相中的介电常数处处相同。

在采用二维几何模型模拟计算时,几何模型包括 3 根纳米通道和 2 根微米通道,3 根纳米通道垂直于微米通道作为连接 2 根微米通道的桥梁,微米通道的宽度为 $1\mu m$,长度为 $5\mu m$,纳米通道的宽度为 50nm、长度为 $0.5\mu m$,见图 3.1,虚线部分为连接微米通道的储液池,为了提高计算速度、降低计算量,在保证精度的前提下,仿真计算时忽略了虚线部分。

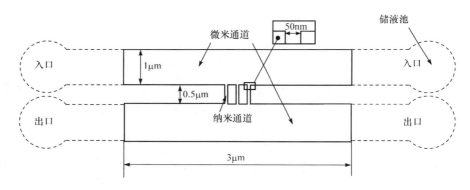

图 3.1　二维几何模型

3.2.2　网格划分和初边条件

在划分网格时,考虑到流场运动形式是影响离子富集的关键因素,本章采用梯度式划分网格的方法,将微米通道和纳米通道壁面处的网格细化,对微米通道中间区域进行粗划以便提高计算效率,如图 3.2 所示,网格总数为 4482 个。具体操作如下:①纳米通道网格边界尺寸为 10nm;②微米通道网格边界尺寸为 100nm。

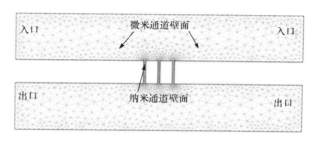

图 3.2 网格划分

电场、离子浓度场和流场的边界条件包括入口、出口、微米通道壁面和纳米通道壁面,其详细参数见表 3.1,其中 σ_{micro} 和 σ_{nano} 分别代表微米通道和纳米通道的壁面电荷密度,$j_{\perp}$ 为通道壁面垂直方向的离子通量,几何模型中微米通道上端口设置为入口,下端口设置为出口,见图 3.2。

表 3.1 数值模拟边界条件

场类型	入口、出口	微米通道壁面	纳米通道壁面
电场	$\phi_{入口}=1,3,5,8V, \phi_{出口}=0V$	σ_{micro}	σ_{nano}
离子浓度场	$c_{入口}=c_{出口}=0.1mol/m^3$	$j_{\perp}=0$	$j_{\perp}=0$
流场	$p=0$	$u=0$	$u=0$

电动离子富集过程是一个微纳通道中的多场耦合的复杂过程。影响富集效果的因素除了给定长度内纳米通道数量和深度等结构因素外,还包括与电场、流场和离子浓度场相关的参数。本章将主要考察流体黏度、外加电压、微纳通道壁面电荷密度、给定长度内纳米通道数量和纳米通道深度对电动离子富集的影响,流体黏度、外加电压和壁面电荷密度详细参数见表 3.2。阳离子的扩散系数为 $1.97\times10^{-9}m^2/s$、淌度为 $7.89\times10^{-13}s\cdot mol/kg$,阴离子的扩散系数为 $2.01\times10^{-9}m^2/s$、淌度为 $8.05\times10^{-13}s\cdot mol/kg$。

表 3.2 数值模拟变量参数

序号	1	2	3	4	5
流体黏度/(Pa·s)	1.0×10^{-4}	1.0×10^{-3}	1.0	1.0×10^{3}	1.0×10^{6}
外加电压/V	1	3	5	8	—
纳米通道壁面电荷密度/(C/m²)	-2.0×10^{-4}	-4.0×10^{-4}	-6.0×10^{-4}	-8.0×10^{-4}	—
微米通道壁面电荷密度/(C/m²)	-2.0×10^{-4}	-4.0×10^{-4}	-6.0×10^{-4}	-8.0×10^{-4}	—

在任何计算过程中总会出现误差,其中,数值耗散便是方程离散过程中所引入的一个重要误差。数值耗散(又称假扩散)是指由一阶导数的离散而引起较大数值计算误差的现象。从物理过程本身的特性而言,数值耗散的作用总是使物理量的变化率减小,使整个场处于均匀化,在一个离散格式中,数值耗散项的存在会使数值解的结果偏离真解的程度加剧。数值耗散项包括数值耗散系数和浓度梯度两项。一方面,数值耗散系数越大,数值解和真解的偏离程度越严重,以对流-扩散方程为例,其数值耗散系数为

$\dfrac{u\Delta x}{2}\left[1-\dfrac{u\Delta t}{\Delta x}\right]$,其中 u、Δx、Δt 分别代表对流项、网格尺寸和时间步长,数值耗散系数主要取决于网格尺寸和时间步长。另一方面,数值耗散项中浓度梯度 $\dfrac{\Delta n}{\Delta x}$ 的增大也会加剧数值解和真解的偏离程度。由于数值耗散的存在,很难用数值解与富集的实际实验结果进行定量比较,但可以进行定性分析。

3.3　基于电动纳流体的富集计算结果与分析

微纳通道内阴阳离子的输运情况如图 3.3 所示,外加电压引起的离子输运形式主要包括离子电泳迁移和流体电渗流引起的离子输运,耗尽区和纳米通道内的阳离子向着负极移动并能顺利穿过纳米通道,故阳离子在壁面电荷为负电荷的芯片内不会发生富集现象(针对双电层重叠效应的富集而言)。然而,富集区和纳米通道内的阴离子在向着正极迁移时,会受到纳米通道双电层交叠引起的唐南排斥力作用,不容易穿过纳米通道而被富集在纳米通道的一端。另外,流体电渗流引起的离子输运也是影响离子富集的一个重要因素,流体的电渗流方向从正极指向负极,在加电开始阶段,耗尽区内的流体携带着离子穿过纳米通道,一方面会略微补充富集区离子数量;另一方面会影响富集区离子富集的稳定性,在加电中后期,耗尽区内离子不断减少,对富集区离子数量的补充很少。

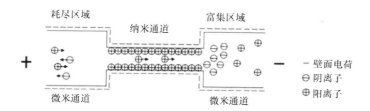

图 3.3　微纳通道中离子输运情况

从纳维-斯托克斯方程来看,离子通量主要由电泳通量、电渗流通量和扩散通量组成,由于溶液中多数离子扩散系数较小(例如,钾离子扩散系数为 $1.97\times10^{-9}\,\mathrm{m}^2/\mathrm{s}$,氯离子扩散系数为 $2.01\times10^{-9}\,\mathrm{m}^2/\mathrm{s}$),本章忽略了扩散引起的离子通量。电泳引起的离子通量取决于离子化合价、淌度、浓度和电场强度,对给定的离子而言,离子浓度和电场强度成为影响离子电泳通量的主要因素。电渗流引起的离子通量则取决于流体流速和离子浓度。鉴于电泳和电渗流引起离子输运方向上的差异,为了便利地比较电泳和电渗流对富集倍率的影响,本章定义了一个描述电泳和电渗流差值通量的相对通量(电泳-电渗流相对通量):

$$\Delta_{\mathrm{EP\text{-}EOF}} = \int_l (\omega_k z_k n_k E - u n_k)\mathrm{d}l \tag{3.1}$$

采用电泳-电渗流相对通量作为衡量富集倍率的指标,分析了流体黏度、电渗流、外加电压和微纳壁面电荷密度对富集倍率的影响。其中一组参数得到的电动离子富集仿真结果如图 3.4 所示,富集发生在纳米通道的下端口区域,耗尽则发生在纳米通道的上端口区域,为了定量计算富集倍率大小,采用积分区域作为富集倍率的计算区域。

3.3.1　流体黏度对富集倍率的影响

电渗流是影响离子输运的重要因素,对给定的壁面电荷密度和外加电压而言,其大小主要取决于流体黏度,见方程(3.2),为了研究流体黏度变化对阴离子富集倍率的影响,本章分别模拟了五种黏度的工况,从小到大依次为 $1.0\times10^{-4}\,\mathrm{Pa\cdot s}$、$1.0\times10^{-3}\,\mathrm{Pa\cdot s}$、$1.0\,\mathrm{Pa\cdot s}$、$1.0\times10^{3}\,\mathrm{Pa\cdot s}$、$1.0\times10^{6}\,\mathrm{Pa\cdot s}$,

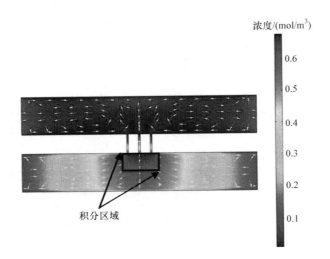

图 3.4　阴离子浓度分布图

白箭头代表流场方向，黑方框为积分区域

而其他条件设置为常数，如微纳壁面电荷密度为 -0.8mC/m^2、离子初始浓度为 0.1mol/m^3、外加电压为 5V。

$$u = \sigma \lambda_D E / \mu \qquad (3.2)$$

式中，u、σ、λ_D、E、μ 分别代表流体流速、壁面电荷密度、德拜长度、电场强度、流体黏度。从图 3.5 可以看出，伴随着流体黏度的增加，电泳引起的阴离子通量、电泳-电渗流相对通量、富集倍率三者均在增加，然而电渗流引起的阴离子通量在降低。两个特征总结如下：①在较小的流体黏度提高了流体电渗流通量的同时，降低阴离子富集倍率至 1.6；②较大的流体黏度降低了流体电渗流通量对阴离子富集倍率的影响，但影响并不显著，而阴离子富集倍率则高达 7.1。

伴随着流体黏度从低到高的变化趋势，阴离子富集倍率呈上升趋势后保持稳定。流体黏度的增加抑制了流体电渗流，低黏度时较强的流体电渗流在离子输运方面所起的作用不容忽视，并且引起阴离子富集倍率降低至 1.6，即此时流体电渗流在整个富集过程中起负面作用；高黏度时流体电渗流较弱，电渗流对离子输运方面所起的负面作用被削弱，故阴离子富集倍率保持稳定,此时阴离子富集倍率主要归因于离子电泳。

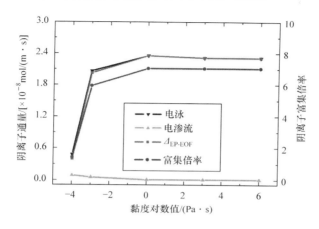

图 3.5　黏度对阴离子富集倍率的影响

以耗尽区的形成为时间节点,本章将电渗流对阴离子富集倍率的影响分成两个阶段:①耗尽区形成前,携带离子的电渗流穿过纳米通道来到富集区,维持富集区域内电渗流引起的离子浓度变化平衡;②耗尽区形成后,电渗流中携带较少离子,难以维持富集区域内电渗流引起的离子浓度变化平衡。综上所述,电渗流是导致阴离子富集倍率降低的因素。

3.3.2　外加电压对富集倍率的影响

离子电泳是影响离子输运的重要因素,离子电泳输运能力取决于离子的淌度、化合价、外加电压等,对给定的离子而言,离子电泳输运能力则很大程度上取决于外加电压,为了研究不同外加电压对阴离子富集倍率的影响,本章分别模拟了四种外加电压,从小到大依次为 1V、3V、5V、8V,而其他条件设置为常数,如微纳壁面电荷密度为 $-0.8mC/m^2$、离子初始浓度为 $0.1mol/m^3$、流体黏度为 $1mPa \cdot s$。

从图 3.6 可以看出,随着外加电压的提高,电泳引起的阴离子通量电脉-电渗流相对通量在增加,然而电泳和电渗流引起的阴离子通量对阴离子富集倍率的影响是相反的,电泳引起阴离子通量的提高有利于增强阴离子富集倍率,电渗流通量则相反。事实上,外加电压的增加引起的电泳通量增量不仅弥补了电渗流通量增量对阴离子富集倍率的影响,而且增强了阴离子富集倍率,因此提高电泳-电渗流相对通量会增强阴离子富集倍率。总而言之,外加电压的增加会提高阴离子富集倍率。电压的提高,一方面会引起流体的电渗流速度加快,并会降低阴离子富集倍率;另一方面会提高离子电泳速度,有利于阴离子富集倍率的提高。在其他条件不变时,给定范围内外加电压的变化对离子电泳的影响程度大于流体电渗流。

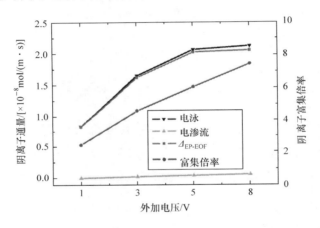

图 3.6　外加电压对阴离子富集倍率的影响

图 3.7(a)表示在 3～21V 电压下,宽度为 300nm、400nm、500nm、600nm、700nm、800nm 的纳米通道阴离子浓度。随着电压的升高,离子浓度先增大,达到峰值后逐渐减小。众所周知,离子浓度主要取决于表面电荷引起的相互排斥作用和外加电压引起的电泳效应之间的平衡。对于一个给定的微纳通道,相互排斥作用被认为是一个近似常数。然而,电泳效应随电压的变化而变化。当电压在微纳通道两端被击穿时,富集微米通道上的离子沿着阴极向阳极的方向迁移。由于排斥作用,一些离子不能通过纳米通道并在富集区富集。因此,诱导离子富集。虽然开始电压较低,但离子浓度不是很大。然后,随着电压的不断升高,在增强电泳效应作用下,可以在富集区富集更多的离子。因此,离子浓度逐渐提高。然而,当电压超过一个峰

值电压时,电泳效应大于相互排斥作用。而且,离子被纳米通道的表面电荷阻挡而不能通过纳米通道。因此,离子浓度开始向另一个方向移动。综上所述,随外加电压的变化,富集现象可分为富集发生、富集改善和富集击穿三个阶段。

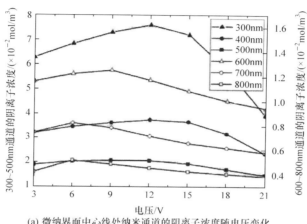

(a) 微纳界面中心线处纳米通道的阴离子浓度随电压变化

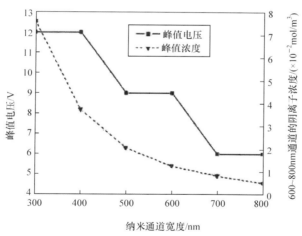

(b) 纳米通道宽度与峰值电压和峰值浓度关系

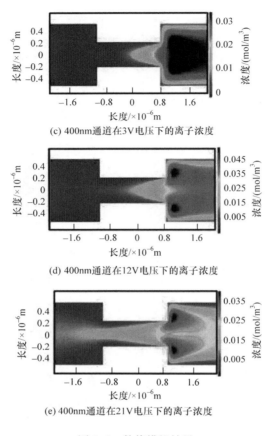

(c) 400nm通道在3V电压下的离子浓度

(d) 400nm通道在12V电压下的离子浓度

(e) 400nm通道在21V电压下的离子浓度

图 3.7　数值模拟结果

此外,在三个纳米通道宽度中,宽度为 300nm 的纳米通道的排斥作用最大。在相同的电压下,更多的离子不能通过纳米通道而在富集区富集。因此,宽度为 300nm 的纳米通道的浓度最高。对于宽度为 500~800nm 的纳米通道,其峰值电压并不明显。这是因为纳米通道的尺寸越大,产生的排斥力就越小。排斥力不能克服由电压引起的电泳力。

图 3.7(b)演示了宽度为 300~800nm 的纳米通道的峰值电压和峰值浓度。研究发现,随着纳米通道宽度的减小,双电层重叠程度的增加,使界面间的排斥作用增强。而对于更强的相互排斥作用,在实现给定电压之前能够穿过纳米通道的离子现在不能通过纳米通道传输。因此,它们在富集区

富集,然后峰值浓度增加。此外,如果不能通过纳米通道的离子想再次通过纳米通道,则需要更强的由电压引起的电泳效应。结果随着纳米通道的变窄,峰值电压和峰值浓度均增加。图 3.7(c)～(e)显示了在宽度为 400nm的纳米通道上 3V、12V 和 21V 电压下的离子浓度。

　　为了进一步验证电压对离子浓度的影响,进行电动离子富集实验。采用微机械加工技术和光聚合技术,研制一种带有聚丙烯酰胺凝胶塞的微纳流控芯片。利用微纳流控芯片,在初始浓度为 10nmol/L 的条件下进行了电动力学 FITC 实验。图 3.8 中所示的实验结果表明,随着电压的增加,FITC样品的荧光强度先逐渐提高,在 300V 达到饱和,在达到峰值后逐渐降低。这个结果可以从上面提到的模拟结果中得到证实。理论研究和实验都显示,提高电压可以提高离子浓度,但高电压会破坏双电层膜的排斥效应,使浓度降低。虽然其电压的数量级并不一样,但是该数值结果为研究工作提供了一定的理论参考。然而,由于简化几何模型和不可避免的数值耗散,它们在数量上无法与浓缩实验相比。鉴于相同的趋势,电压的大小主要取决于纳米通道尺寸。纳米通道尺寸越小,双电层所产生的排斥力就越大。此外,为了促使离子通过纳米通道,还需要更强的电泳效应。因此,简化的几何模型是合理的。

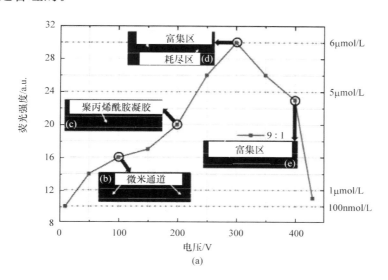

(a)

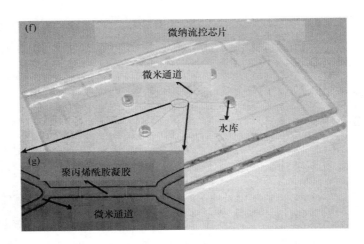

图 3.8　基于微纳流控芯片的 9 : 1 聚丙烯酰胺凝胶的纳米孔密度的 FITC 富集结果

(a)初始浓度为 10nmol/L 的荧光强度随电压变化的曲线,(b)~(e)在施加 100V、200V、300V 电压后的拍摄图像,(f)、(g)玻璃微纳流控芯片和微米通道中的聚丙烯酰胺凝胶

3.3.3　微纳壁面电荷密度对富集倍率的影响

双电层交叠引起的唐南排斥力是离子富集现象的产生及影响离子输运的一个关键因素,其大小主要取决于通道数量、宽度、壁面电荷密度、离子浓度等,对给定的微纳通道而言,双电层交叠引起的唐南排斥力很大程度上取决于通道壁面电荷密度,为了研究微纳壁面电荷密度对阴离子富集倍率的影响,本章分别模拟了四种微纳通道壁面电荷密度,从小到大依次为 $-80mC/m^2$、$-0.8mC/m^2$、$-8\mu C/m^2$、$-80nC/m^2$,而其他条件设置为常数,如外加电压为 5V、离子初始浓度为 $0.1mol/m^3$、流体黏度为 1mPa·s。

对于给定的纳米通道壁面电荷密度情况,如图 3.9 所示,通过提高微米通道壁面电荷密度,阴离子富集倍率从 3.8 增加到 6.0,当微米通道壁面电荷密度为 $-0.2mC/m^2$ 时,阴离子富集倍率还能维持在一定的水平上,这主要归因于纳米通道壁面电荷密度。电泳-电渗流相对通量主要取决于电泳通量,而不是电渗流通量。图 3.10 为纳米通道壁面电荷密度对阴离子富集倍率影响的计算结果,计算过程中所采用的常参数条件为 $-0.8mC/m^2$ 的微米通道壁面电荷密度、1mPa・s 的流体黏度、0.1mol/m³ 的离子浓度、5V 的外加电压。随着纳米通道壁面电荷密度的提高，纳米通道双电层交叠引起的唐南排斥力增强，富集区内的阴离子受到双电层交叠引起的唐南排斥作用很难穿过纳米通道，在微纳界面处堆积，阴离子富集倍率从 2.3 提高到 6.0。微纳通道壁面电荷密度对阴离子富集倍率的影响总结如下：①纳米通道壁面电荷密度一定时，降低微米通道壁面电荷密度，阴离子富集倍率有所下降；②微米通道壁面电荷密度一定时，降低纳米通道壁面电荷密度，阴离子富集倍率下降明显。阴离子富集的形成是微纳壁面电荷密度共同作用的结果，就影响程度而言，纳米通道壁面电荷密度起着主导作用，微米通道壁面电荷密度进一步提高了阴离子富集倍率。

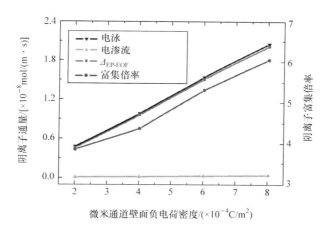

图 3.9　微米通道壁面电荷密度对阴离子富集倍率的影响

3.3.4　给定长度内纳米通道数量对富集倍率的影响

阴离子由于受到纳米通道双电层交叠引起的唐南排斥力，在外加电压作用下很难穿过纳米通道而富集在微纳界面的负极端。对单根纳米通道而言，双电层交叠引起的唐南排斥力主要取决于纳米通道的尺寸，而对给定区域内的大量纳米通道而言，唐南排斥力同时取决于纳米通道尺寸和纳米通道数量。本章采用给定长度内纳米通道数量（一定纵向长度上的纳米通道

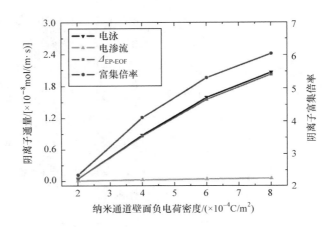

图 3.10　纳米通道壁面电荷密度对阴离子富集倍率的影响

数量)作为研究内容来耦合分析纳米通道尺寸和纳米通道数量对阴离子富集倍率的影响。

1. 几何模型和边界条件

本章采用五种纳米通道几何模型进行数值计算,2 根纳米通道几何模型对应单根纳米通道宽度为 50nm,4 根纳米通道几何模型对应单根纳米通道宽度为 25nm,依次类推,见表 3.3,随着纳米通道数量的增加,纳米通道间距逐渐减小。纳米通道的总宽度是一个定值,等于单根纳米通道宽度和对应纳米通道数量的乘积,即 100nm。

表 3.3　给定长度内纳米通道数量数值计算参数

单根纳米通道宽度/nm	50	25	16.6	12.5	10
给定长度内纳米通道数量/(根/200nm)	2	4	6	8	10

以 2 根纳米通道模型为例,如图 3.11 所示,宽度和长度分别为 $1\mu m$、$4\mu m$ 的 2 根微米通道由纳米通道连接而成,纳米通道的长度为 $1\mu m$。电场、离子浓度场、流场边界条件如表 3.4 所示。

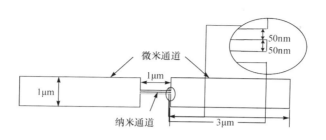

图 3.11　2 根纳米通道几何模型

表 3.4　给定长度内纳米通道数量数值计算的边界条件

场类型	入口,出口	微米通道壁面	纳米通道壁面
电场	$\phi_{入口}=5\mathrm{V},\phi_{出口}=0\mathrm{V}$	$\sigma_{micro}=-0.8\mathrm{mC/m^2}$	$\sigma_{nano}=-0.8\mathrm{mC/m^2}$
离子浓度场	$c_{入口}=c_{出口}=0.1\mathrm{mol/m^3}$	$j_\perp=0$	$j_\perp=0$
流场	$p=0,\mu=1.0\times10^{-3}\mathrm{Pa\cdot s}$	$u=0$	$u=0$

2. 计算结果

图 3.12(a)～(e)描述了给定长度内纳米通道数量为 2、4、6、8、10 的数值计算结果,随着给定长度内纳米通道数量的增加,双电层数量的增加增强了双电层交叠引起的唐南排斥力,同时,纳米通道尺寸的降低加强了单个双电层交叠程度并提高了唐南排斥力。因此,增加给定长度内纳米通道数量会提高唐南排斥力并提高阴离子富集倍率。同时,这一结果也可以从相对通量(积分区域的线积分)和给定长度内纳米通道数量之间的关系得到验证。由于给定长度内五种纳米通道数量的几何模型不同,电泳通量和电渗流通量的差值通量不再适用,本章采用方程(3.3)描述的电泳-电渗流相对通量,定量研究了给定长度内不同纳米通道数量对阴离子富集倍率的影响,见如下方程:

$$\Delta_{\frac{\mathrm{EP-EOF}}{\mathrm{EOF}}} = \frac{\int_l (\omega_k z_k n_k E - u n_k)\mathrm{d}l}{\int_l u n_k \mathrm{d}l} \tag{3.3}$$

如图 3.12(f)所示,随着给定长度内纳米通道数量的增加,相对通量从

20 增加到 168 的同时,阴离子富集倍率从 8 增加到 13.5。

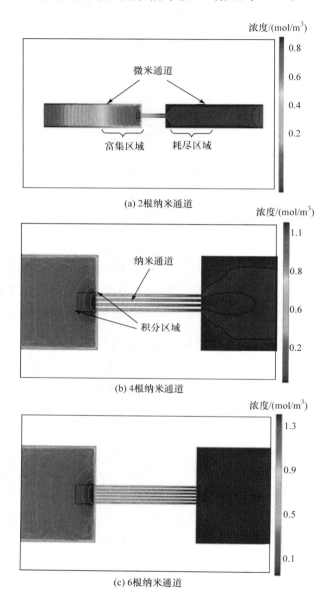

(a) 2根纳米通道

(b) 4根纳米通道

(c) 6根纳米通道

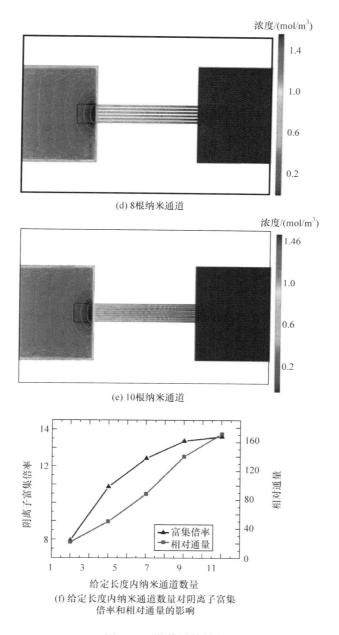

(d) 8根纳米通道

(e) 10根纳米通道

(f) 给定长度内纳米通道数量对阴离子富集
倍率和相对通量的影响

图 3.12　数值计算结果

3.3.5　纳米通道深度对富集倍率的影响

在分析外加电压、流体黏度、微纳壁面电荷密度等参数对阴离子富集倍率的影响时,电动离子富集结果是采用二维几何模型仿真计算得到的。只考察纳米通道二维尺寸对阴离子富集倍率的影响是不全面的。因此,本章进一步研究纳米通道深度对阴离子富集倍率的影响。

1. 三维几何模型

采用三维几何模型仿真计算时,几何模型包括 1 根纳米通道和 2 根微米通道,2 根微米通道由纳米通道连接。如图 3.13 所示,微米通道的宽度为 $1\mu m$,长度为 $6\mu m$,深度为 $1\mu m$,纳米通道的宽度为 $50nm$,长度为 $0.5\mu m$。本章采用 4 组不同的纳米通道深度进行仿真计算,深度值分别取为 $50nm$、$200nm$、$500nm$、$1000nm$。

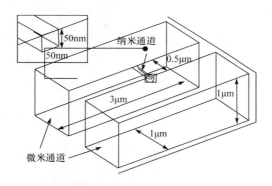

图 3.13　三维几何模型

基本假设、网格划分、边界条件设置与二维仿真计算时一致。

初始条件为 $5V$ 的外加电压、$0.1mol/m^3$ 的离子初始浓度、$1.0mPa \cdot s$ 的黏度、$-0.8mC/m^2$ 的微纳通道壁面电荷密度。

2. 计算结果

对一个给定宽度的纳米通道而言,双电层交叠引起的唐南排斥力主要取决于纳米通道的深度,通道深度的增加,会增大纳米通道壁面面积,进而提高双电层交叠引起的唐南排斥作用区域和阴离子富集倍率,如图 3.14 和图 3.15 所示,随着纳米通道深度的增加,从 50nm 增加到 1000nm,阴离子富集倍率从 3.7 增加到 6.3。

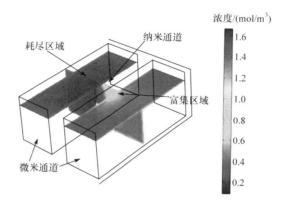

图 3.14　三维模型计算结果

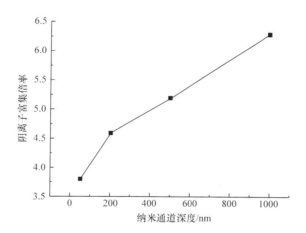

图 3.15　纳米通道深度对阴离子富集倍率的影响

3.3.6 限域结构对富集的影响

1. 几何模型和边界条件

二维几何模型如图 3.16 所示,由 2 个微米通道、2 个微纳通道和 1 个纳米通道组成。所有的通道都充满电解液。除了两端以外,其他的边界持续供电。上述三个通道的网格尺寸分别为 0.5nm、10nm 和 100nm。在给定的条件下,所得到的结果不会随网格数的增加而改变。其数值模拟的参数如表 3.5 所示。

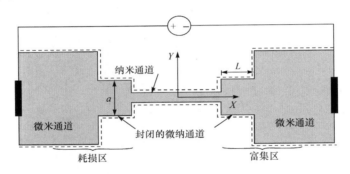

图 3.16 二维几何模型

表 3.5 仿真参数数值

$\mu/(Pa \cdot s)$	Z_1/Z_2	$D_1/D_2/(m^2/s)$	$\rho_0/(kg/m^3)$	$\varepsilon_0/(F/m)$	ε_r
1.0×10^{-3}	$1/-1$	$1.97 \times 10^{-9}/2.01 \times 10^{-9}$	1.0×10^{-3}	8.85×10^{-12}	80

2. 计算结果

图 3.17 展示系统中心线的电势曲线。区域 1 代表微纳通道的耗尽,区域 2 代表纳米通道,所在区间是 $(-0.1\mu m, 0.1\mu m)$,区域 3 代表微纳通道的富集。在图 3.17(a) 中,3 个势能曲线在区域 1 缓慢下降,在区域 2 迅速下降,在区域 3 趋于平缓。相对于微米通道,纳米通道存在很高的阻抗,从而中断了离子传输、电流渗透的进程。这导致纳米通道的电位急剧下降。显

然,在区域 1 内,宽度为 100nm 的势能曲线的反应速率要低于宽度为 300nm 和 500nm 的势能曲线。然而,区域 3 的三者反应速率刚好相反。图 3.17(c)表明:尽管整个系统的总长度的势能曲线存在差异,但是因其泊松方程守恒定律的存在,其总体趋势是平坦的。

图 3.17(b)和图 3.17(d)展示了表面电荷密度对 a 壁和 L 壁的电势影响。对于固定的通道尺寸和表面电荷密度,表面电荷密度(a 壁或 L 壁)的提高可以使$(-0.5,0)\mu$m 区间内的电势降低。在封闭的微纳阳极通道的壁面附近,较高的表面电荷密度诱发了局部电势的最大值。在纳米尺度的沟道中,由于双电层的重叠,局部电势为唐南电势。通过增加表面电荷密度,提高了唐南电势。而唐南电势会在相反方向上产生电势梯度,从而降低了电场方向的电势。局部电位梯度的方向从区域 2 到区域 1。然而,表面电荷密度的影响在 $0\sim0.5\mu$m 的范围内并不明显。

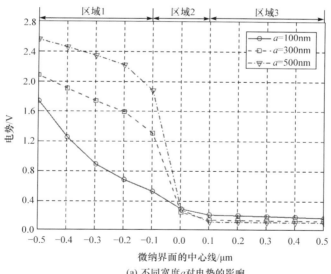

(a) 不同宽度a对电势的影响

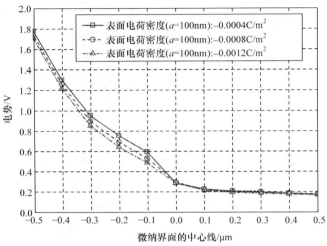

(b) 宽度a=100nm,不同电荷密度对电势的影响

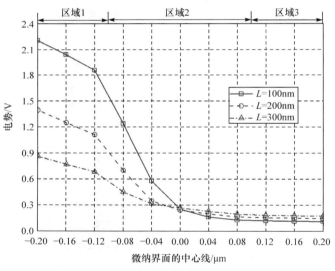

(c) 不同长度L对电势的影响

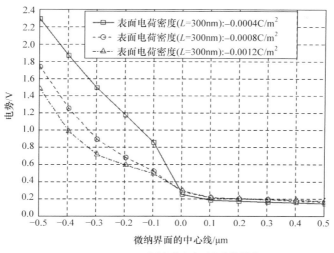

(d) L=300nm,不同电荷密度对电势的影响

图 3.17　系统中心线的电势曲线

　　从图 3.18(a)中可以看出,减小宽度增加了浓度(而 L 的长度在 400nm 处保持不变)。众所周知,减小宽度可以增强双电极层的重叠程度,并增强表面电荷产生的斥力。因此,更多的阴离子不能通过纳米通道,而是在区域 3 富集。如图 3.17(a)和图 3.18(a)所示,需要指出的是,区域 3 的势能曲线非常接近,但微小的差异会导致离子浓度的大变化。随着宽度的减小,区域 3 的电位升高如图 3.17(a)所示。但势能曲线始终不超过纳米通道的中心点。这个电位被应用到 3 个区间,包括区域 1、区域 2 和区域 3。其中,纳米通道产生的斥力是离子浓度的内在因素,而区域 3 的电势则增加了离子浓度。因此,对于给定的纳米通道,离子浓度的最终值可能取决于纳米通道的中心点的电位。在图 3.18(c)中,采用相似趋势的曲线来研究长度的影响。可以看出,改善封闭通道的长度会增加阴离子的浓度。表面电荷密度对离子浓度的影响如图 3.18(b)和(d)所示,对于固定尺寸和表面电荷密度(L 壁或 a 壁),提高表面电荷密度(a 壁或 L 壁)可以提高离子浓度。显然,表面电荷引起的斥力是离子富集的主要原因。提高 L 壁的表面电荷密度明显增大了排斥力,但提高墙体的电荷密度并不明显。因此,排斥力的产生主要由

L 壁电荷密度引起的。

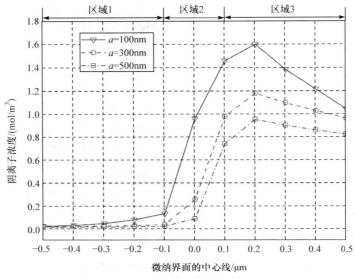

(a) 不同宽度a对阴离子浓度的影响

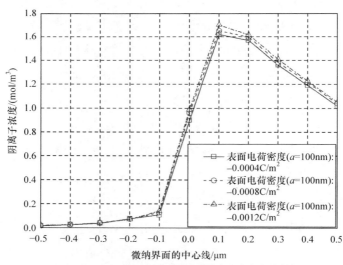

(b) $a=100$nm,不同表面电荷密度对阴离子浓度的影响

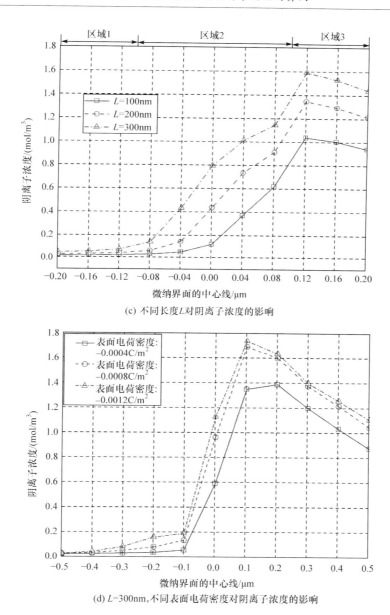

(c) 不同长度 L 对阴离子浓度的影响

(d) $L=300$nm,不同表面电荷密度对阴离子浓度的影响

图 3.18 系统中心线处离子浓度分布

从图 3.19(a)和(c)可以看出,通过减小宽度或增加长度,X-速度也会增加(而表面电荷密度保持不变)。对于窄(或长)通道,纳米通道的离子极

化和区域 3 纳米通道出口的阴离子浓度诱发区域 3 附近的局部电势最大值。这使得局部电渗流动方向相同,从而提高了应用电场方向的 X-速度。当封闭通道的宽度增加(或长度减少)时,附近的电势最大值变小了。因此,X-速度降低。表面电荷密度对 X-速度的影响如图 3.19(b)和(d)所示。对于固定的约束尺寸,提高表面电荷密度可以提高纳米通道的 X-速度。

　　影响富集稳定性的电渗流主要来自纳米通道和 U 形微米通道。其中,U 形微米通道中的离子浓度受到三个方向的影响。然而,本书提出的方法将离子集中在一个封闭的通道中,并减小了从区域 3 到区域 1 的通量。此外,纳米通道的电渗流动方向是从区域 1 流到区域 3,这影响了系统的稳定性。如图 3.19 所示,增加宽度,减小长度,降低表面电荷密度,均可以抑制纳米通道的电渗流动性,进而提高富集稳定性。电势是影响系统中电渗流动的主要因素。随着电压的升高,一方面,离子传输可以得到改善,离子浓度得到增强;另一方面,增强电渗流动对富集稳定性有不利的影响。对于离子浓度,之前的研究表明富集带高度集中影响了系统的稳定性。

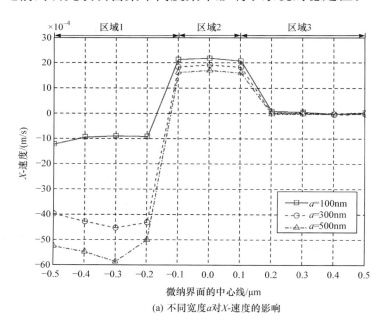

(a) 不同宽度 a 对 X-速度的影响

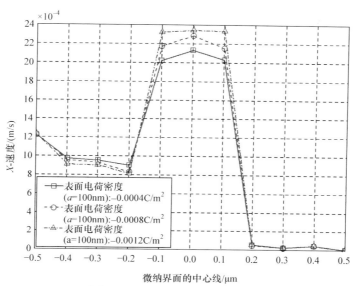

(b) 宽度 a=100nm,不同表面电荷密度对 X-速度的影响

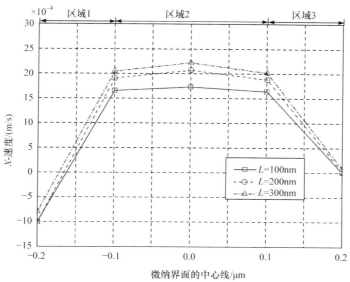

(c) 不同长度的 L 对 X-速度的影响

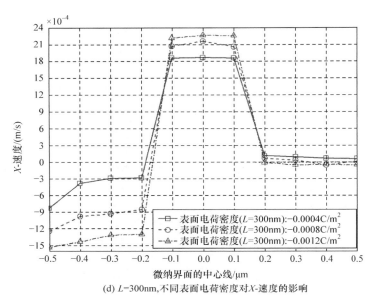

(d) L=300nm,不同表面电荷密度对X-速度的影响

图 3.19 系统中心线处流速分布

为了进一步验证上述内容,将实验结果与 Hughes 等所得到的结论相比较,如图 3.20 所示。需要指出的是,随着微米通道面积比和纳米通道面积的减小(L 长度保持不变),离子浓度会提高。减小面积比的方法之一是在给定的范围内缩小微米通道的宽度/长度比。在此方法的基础上,可以将离子集中在一个受限制的区域内,提高其浓缩性能。这种变化趋势与先前的结论相似,即通过降低面积比,提高了电流(或减小了电阻)。通过增加宽度/长度比也可以获得低阻力,数值结果与 Hughes 等研究的结论有很好的一致性。然而,本书的研究结果表明,该区域的影响并不足以解释电动运输的性能,因为该区域是由长度和宽度构成的。因此对微纳通道的设计,应兼顾面积比和尺寸因素。

以上内容分析了流体黏度、外加电压、微纳壁面电荷密度、给定长度内纳米通道数量和纳米通道深度对电动纳流体富集倍率的影响。其中,流体黏度的增加(1～10mPa·s)会起到抑制电渗流的作用,并降低阴离子电渗流通量。然而,当流体黏度大于 1mPa·s 时,流体黏度的进一步增加引起

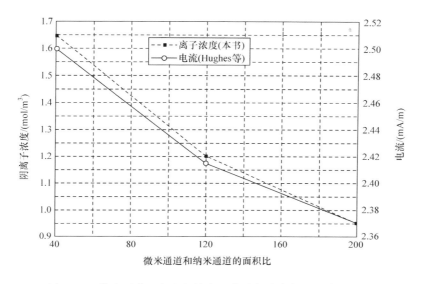

图 3.20　微米通道面积比和纳米通道对离子浓度和电流的影响

的阴离子通量变化甚微,阴离子富集倍率基本不再变化。所以,采用提高流体黏度的方法提高富集倍率,只能在一个较小的流体黏度区间内进行,对富集倍率的提升空间较小,并且过分提高流体黏度会导致实验中无法顺利填充溶液,如填充溶液时通道内容易出现气泡等。此外,微纳壁面电荷密度的增加和纳米通道深度的增加均可以提高阴离子富集倍率。然而,提高通道壁面电荷密度受到实验设施和表征条件的限制而难以实现,同时,高深宽比纳米通道的制作受到微加工工艺的限制难以进行。因此,本章没有采用调整流体黏度、微纳壁面电荷密度和纳米通道深度来提高电动纳流体富集实验性能的思路,而是开展了外加电压和给定长度内纳米通道数量对富集倍率影响的验证实验。

参 考 文 献

[1] 陈小燕. 纳米通道内流体的分子动力学研究[D]. 合肥:中国科学技术大学,2008.

[2] 吴健康,龚磊,陈波,等. 微纳流控系统电渗流研究进展[J]. 力学进展,2009,39(5): 555-565.

[3] 陈敏,陈云飞,仲武,等. 纳米通道中离子输运机理的分子动力学仿真[J]. 中国科学 E 辑:技

术科学,2009,39(2):249-255.

[4] Park H M,Lee J S,Kim T W. Comparison of the Nernst-Planck model and the Poisson-Bolt-zmann model for electroosmotic flows in microchannels[J]. Colloid and Interface Science, 2007,315(2):731-739.

[5] Freund J B. Electro-osmosis in a nanometer-scale channel studied by atomistic simulation[J]. Journal of Chemical Physics,2002,116(5):2194-2200.

[6] 李震宇,贺伟,杨金龙. 密度泛函理论及其数值方法新进展[J]. 化学进展,2005,17(2): 192-202.

[7] Gillespie D,Khair A S,Bardhan J P,et al. Efficiently accounting for ion correlations in elec-trokinetic nanofluidic devices using density functional theory[J]. Journal of Colloid and In-terface Science,2011,359(2):520-529.

第4章 富集微纳流控芯片的制作

本章采用微加工技术制作具有微米通道网络的玻璃微流控芯片,利用倒置荧光显微镜进行聚丙烯酰胺凝胶光敏聚合反应,在微流控芯片通道内制备聚丙烯酰胺凝胶纳米塞,获得具有微纳复合结构的微纳流控芯片。采用微加工工艺在两片玻璃基底上分别制备了微米沟道和纳米沟道,利用基于倒置荧光显微镜的微纳操纵设备实现了微纳沟道的对准,并利用热键合技术制备了玻璃微纳流控芯片。采用一种基于等离子体刻蚀聚合物平面纳米沟道制作方法[1],在 PMMA 基底上制作了平面纳米沟道,并利用热键合技术制备 PMMA 微纳流控芯片。

4.1 微纳流控芯片制作方法研究现状

微纳流控芯片是指在同一或不同基底上集成微纳流体单元结构,微米流体单元结构通过纳米流体单元结构相连接,形成样品在微纳流体单元结构中的输运环境,微米流体单元结构采用微加工技术制作而成,纳米流体单元结构尺寸小、精度要求高、可操控能力差,这对纳米结构成形技术、微纳装配技术提出了较高的要求。微纳流控芯片制作方法主要包括微纳沟道加工技术和微纳流控芯片键合技术。

4.1.1 微纳沟道加工技术

根据微纳沟道成形过程是否需要微纳模具,微纳结构成形技术可分为模塑法和非模塑法[2]。模塑法主要有微注塑法[3,4]、微纳热压印法[5~8]和浇注法。微注塑法和微纳热压印法主要用于加工热塑性材料如 PMMA,浇注法是加工热固性材料如聚二甲基硅氧烷(polydimethylsiloxane,PDMS)微纳沟道成形最重要的方法。非模塑法主要包括掩膜加工法、高能束微纳刻蚀法[9]、电击穿技术[10]、牺牲层技术、热机械加工法等。具体介绍如下。

1. 微注塑法

微注塑法是指通过加热使塑料熔融,并将温度均匀的塑料熔体注入装有模具的腔室,保温保压一段时间后冷却脱模便得到具有微图形的微塑件。微注塑法与其他方法相比,最主要的优势是生产效率高,微塑件具有质量轻、体积小、抗腐蚀、绝缘性能好、尺寸一致性好等优点,然而,采用硅模具进行微注塑时存在寿命短、容易发生断裂的缺点。2006 年,Liou 等[11]采用微注塑法在 PMMA 基底上制作出微米结构,如图 4.1 所示,微米通道宽度和高度约为 $20\mu m$。2011 年,杨铎[12]采用微注塑法制作 PMMA 蛇形微混合器,微米通道高度为 $50\mu m$,宽度为 $75\sim100\mu m$。Wu 等[13]采用微注塑法制作了微米光栅,光栅深度和间隔分别为 $1.5\mu m$ 和 $20\mu m$。

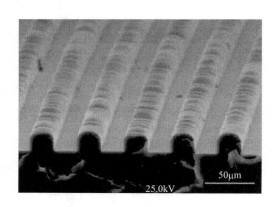

图 4.1　微注塑成形 PMMA 微米结构[11]

2. 微纳热压印法

微纳热压印法主要包括微热压法和纳米压印法。微热压法是指通过加热加压使模具上微图形反向复制到热塑性材料基底上,从而得到带有微结构的微流控芯片,其工艺过程主要分为三个阶段:①升温升压阶段;②保温保压阶段,这一阶段关系到微结构的复制精度;③冷却脱模阶段。微热压法制作成本低,操作方便,可大批量生产。纳米压印技术以纳米压印机为平台,结合光刻技术和刻蚀技术制作成的模具,能够制备线宽小至 10nm 的纳米结构和微纳复合结构,制造精度和一致性较好,并且效率高,可以用于批量制造。然而,目前纳米压印机和模具价格非常高,在国内仅有少数单位开展了纳米压印的相关研究。

2010 年,Liu 等[14]采用微热压法在 PMMA 基底上制作 $70\mu m$ 宽的微米通道。Guo 等[15]采用纳米压印技术在 PMMA 基底上制作出宽 200nm 的纳米通道,见图 4.2。Abgrall 等[6]利用纳米压印技术制作了纳米沟道,步骤为:首先采用光刻技术和反应离子刻蚀技术制作硅模具;然后用硅模具在 PMMA 基底上制作出纳米沟道,沟道长度为 1cm,宽度为 $10\mu m$,深度为 79.2nm。

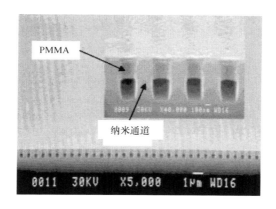

图 4.2　采用纳米压印技术制作 PMMA 纳米通道[15]

3. 浇注法

浇注法是热固性材料 PDMS 微纳沟道成形最重要的方法,实验中按照一定比例配制 PDMS 初始液和凝固剂并均匀浇涂至带有微纳结构的模具上,采用加热的方法促进其固化而得到带有微纳结构的 PDMS 胶体。PDMS 是广泛应用于微纳流体领域的聚合物材料,具有成本低、操作简便、良好的化学惰性等优点,同硅片、玻璃等材料之间具有良好的黏附性。

2006 年，Kim 等[16]采用浇注法制备了带有凹凸结构的 PDMS 盖片，并与玻璃基片结合成微纳流控芯片，纳米通道深度为几纳米，如图 4.3 所示，在 PDMS 薄壁和玻璃基底之间形成纳米通道，该方法的优势在于制作工艺简单。2011 年，Fanzio 等[17]利用浇注法获得了聚合物 PDMS 纳米沟道，纳米沟道宽度为 290nm，深度为 790nm。

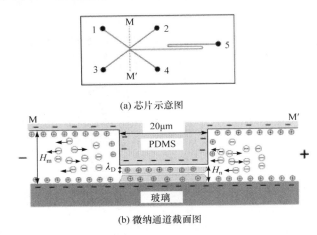

(a) 芯片示意图

(b) 微纳通道截面图

图 4.3　电驱动蛋白富集 PDMS-玻璃微纳流控芯片[16]

4. 掩膜加工法

掩膜加工法是指采用微加工技术（光刻、腐蚀、刻蚀等）在玻璃、硅基底上制作微纳结构的方法。根据微纳结构对准阶段的不同，掩膜加工法可以分为两种情况：一种情况是指采用二次光刻-套刻技术在同一基底上先后制备微纳结构，这一方法对第二次光刻中微纳对准提出了较高的要求；另一种情况是指在不同基底上分别采用光刻技术制备微纳结构，这种方法避免了二次光刻中的微纳对准，但在芯片键合前需要采用微装配技术实现微纳结构的精确对准[18]。2005 年，Liu 等[19]采用氢氟酸在两个玻璃基底上腐蚀纳米沟道，纳米沟道尺寸为 $100\mu m$ 宽，$50nm\sim50\mu m$ 深。2008 年，Kim 等[20]采用二次光刻技术在同一玻璃芯片上制作微米沟道和纳米沟道，利用热键合技术实现了芯片的键合。此外，在制作纳米沟道时，反应离子刻蚀技术的引入保证了沟道深度方向上的精度。2010 年，Duan 等[21]采用反应离子刻蚀技术和二次光刻技术在同一硅基底上制作了微纳沟道,如图 4.4 所示,纳米沟道长度为 $140\mu m$,宽度为 $2\mu m$,深度为 2nm,微米沟道长度为 1cm,宽度为 $500\mu m$,深度为 $60\mu m$。

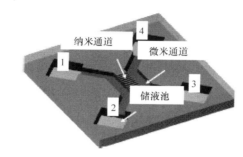

(a) 微纳流控芯片

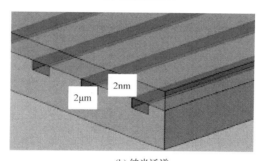

(b) 纳米通道

图 4.4 采用二次光刻技术制作玻璃-硅微纳流控芯片[21]

5. 高能束微纳刻蚀法

高能束微纳刻蚀法是一种无须借助模具的非模塑成形技术,利用电子束、激光束、等离子束等高能束在材料表面直写,使材料发生物理化学变化,从而获得微纳结构。高能束微纳刻蚀法主要优点包括非接触加工、灵活便捷和加工材料范围广等。但高能束微纳刻蚀加工方式以串行直写为主,即以逐点或逐行方式对聚合物等材料表面曝光或直接去除,加工大面积图形的效率低,而且设备成本也偏高。2011 年,Hu 等[22]采用 UV 紫外光刻蚀 PMMA 制作平面纳米通道,并结合 UV 紫外光改性辅助低温热键合技术制作了微纳流控芯片,键合压力为 1.19×10^5 Pa,温度为 $45\mathbb{C}$,时间为 35min,

芯片可以承受 6.71MPa 的拉力，键合后通道损失 13%。2007 年，Wang 等[23]利用质子束在 PMMA 基底上制作纳米沟道，具体步骤为：在 $50\mu m$ 厚的聚酰亚胺薄膜上涂一层 $2\mu m$ 厚的 PMMA 膜，采用质子束刻蚀 PMMA 膜，纳米沟道宽度为 100nm，深度为 $2\mu m$。

6. 电击穿技术

电击穿技术是利用电压击穿透明高分子材料，在微米通道间形成纳米结构的技术，2008 年，Yu 等[24]采用该技术击穿 PDMS 微米通道形成纳米结构，如图 4.5 所示，该方法是一种电击穿物理效应，不需要套刻和对准工艺，加工方法经济可靠。

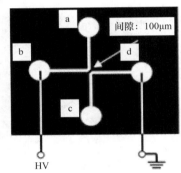

(a) 芯片示意图及加电方式

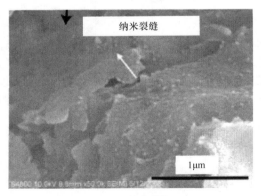

(b) 纳米裂缝

图 4.5　采用电击穿技术制作 PDMS 微纳流控芯片[24]

7. 牺牲层技术

　　牺牲层技术是指在芯片内采用沉积、溅射等方法制备纳米薄膜-牺牲层，通过再次制备其他材料以实现牺牲层的封闭，最后去除牺牲层实现纳米结构的加工技术，该方法步骤烦琐，且刻蚀时间长。2005 年，Wang 等[25]采用牺牲层技术实现了在不同基底上制作纳米结构，并与 U 形微米沟道封接成微纳流控芯片，纳米通道深度为 40nm。Eijkel 等[26]利用牺牲层技术制作了平面纳米沟道，步骤为：在硅片上旋涂一层 2.4μm 厚的聚酰亚胺，然后溅射一层金属薄膜，利用光刻技术和腐蚀技术制作出金属微图形，通过腐蚀的方法获得纳米沟道，深度在 100～500nm，宽度在微米级。

8. 热机械加工法

　　2005 年，Sivanesan 等[27]采用热机械拉伸法促使聚合物微流控芯片局部快速变形，芯片内微米通道缩小成纳米通道，从而制得微纳流控芯片，如图 4.6 所示，利用镍-铬辐射加热器为芯片拉伸过程进行加热，纳米通道直径为 700nm。Li 等[28]采用加热压缩的方法促使 PMMA 微米沟道尺寸降低到纳米量级，从而制得纳米沟道，纳米沟道深度为 85nm，宽度为 132nm。

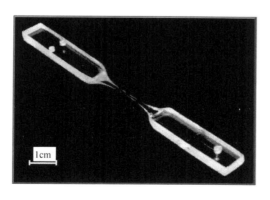

图 4.6　采用热机械拉伸法制作微纳流控芯片[27]

目前,微纳沟道加工技术可以在多种材料(如玻璃、聚合物、硅片等)上制作微纳结构,在制作平面纳米通道、低密度二维纳米通道方面已经形成了成熟的工艺。然而,高密度纳米结构集成到微米结构中的制作工艺尚不稳定,如纳米通道尺寸一致性、分布均匀性受到材料和加工工艺的限制。

4.1.2　微纳流控芯片键合技术

微纳流控芯片键合技术目的在于将两片或多片具有微纳结构的芯片贴合和固定,形成密封的微纳空间,以避免微纳系统核心单元被外界污染、受外力破坏或内部介质(如流体)泄漏。目前,微纳流控芯片键合技术主要包括热键合技术、PDMS 键合技术、超声键合技术等,具体介绍如下。

1. 热键合技术

热键合技术采用加热方式将温度升高至玻璃态转化温度以上(聚合物)或熔融态(玻璃),从而使聚合物界面分子相互扩散并交织在一起或玻璃界面相互熔融在一起,形成聚合物或玻璃微纳流控芯片。热键合技术可以分为直接热键合技术和辅助热键合技术,直接热键合技术可以制作以聚合物和玻璃为基底的微纳流控芯片,辅助热键合技术借助等离子体或紫外光改性聚合物表面,实现低温聚合物微纳流控芯片的键合。

1) 聚合物直接热键合技术

聚合物直接热键合是在温度和压力可调的热键合机上进行的,将微米沟道片和盖片对齐后置于热键合机下压头上,在一定温度条件下,施加压力并保持一段时间后卸载压力和温度载荷,从而获得聚合物微纳流控芯片。聚合物直接热键合技术是热塑性聚合物微流控芯片常用的键合方法,该方法具有工艺过程简单、生产成本低的优点,然而,芯片键合强度低容易发生开裂的现象。

2008 年,Park 等[29]采用直接热键合技术制作了用于 DNA 提纯的微流控芯片,如图 4.7 所示,在低于玻璃态转化温度的条件下实现了 PMMA 的键合,微米结构的变形量较小,但芯片键合强度不高。Sun 等[30]采用直接热键合技术制备了具有十字微米通道的 PMMA 微流控芯片,并用于 DNA 和荧光素混合物的分离实验。

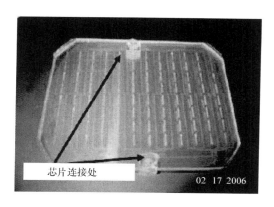

图4.7　用于 DNA 快速提纯的 PMMA 微流控芯片[29]

2）聚合物辅助热键合技术

聚合物辅助热键合技术是采用等离子体或辐射处理聚合物表面,提高聚合物表面能并降低软化点温度,从而实现在较低温度条件下聚合物的键合,并保证聚合物芯片上微纳结构变形较小的方法。2004 年,Ahn 等[31]采用等离子体辅助热键合法制备具有三维通道结构的四层环烯烃共聚物(cyclic olefin copolymer,COC)微流控芯片,如图 4.8 所示,其键合温度降低了20～40℃。Lee 等[32]采用 X 射线辐射处理 PMMA 表面,实现了在较低温度下微流控芯片的键合。

3）玻璃热键合技术

玻璃是一种透明度较好的固体混合物,主要成分为二氧化硅,在熔融时形成连续网络结构,冷却过程中黏度逐渐增大并硬化而不结晶的硅酸盐类非金属材料。玻璃微纳流控芯片具有诸多优点,已成为近年来微纳流控芯片研究的主要方向之一。玻璃在性能方面的主要优势包括:各向同性,均质玻璃在各个方向的性质如腐蚀速率、折射率等性能相同;良好的光学特性,透光性优于聚合物;良好的表面平整度等。He 等[33,34]采用二次光刻法在同一玻璃基底上湿法腐蚀出微纳沟道,结合热键合技术制作了玻璃微纳流控

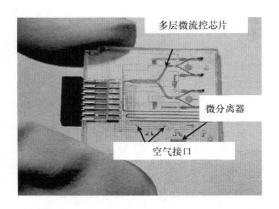

图 4.8　COC 微流控芯片[31]

芯片,如图 4.9 所示,纳米通道深度小于 100nm,该方法灵活方便、可操控能力强。

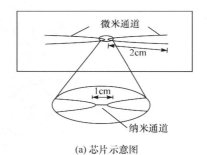

(a) 芯片示意图

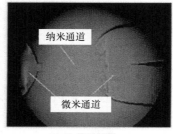

(b) 微纳通道

图 4.9　玻璃微纳流控芯片[33]

2. PDMS 键合技术

PDMS 键合技术可以分为可逆键合法和永久键合法。可逆键合法借助 PDMS 表面范德瓦耳斯力实现 PDMS 的键合，键合强度不高，这导致键合后 PDMS 盖片和基片仍然可以分开。永久键合法借助等离子体或紫外光辐射改性 PDMS 表面，实现 PDMS-PDMS 或 PDMS-玻璃的永久键合。总体而言，PDMS 键合技术操作简单，成本低廉。Kuo 等[35,36]将纳米薄膜放置于互相垂直的微米沟道之间形成三明治结构的 PDMS 微纳流控芯片，纳米孔径为 200nm，见图 4.10，该方法不需要套刻工艺，操作简便，但由于纳米薄膜只在微米沟道相交处布置，在基片-薄膜和盖片-薄膜周围存在间隙，键合强度不高，容易引起泄漏。2010 年，Chun 等[37]采用聚合物薄膜连接微米沟道制作微纳流控芯片。2010 年，Shen 等[38]采用纳米薄膜连接微米沟道制作了 PDMS-玻璃微纳流控芯片。

3. 超声键合技术

微纳器件在超声波的作用下产生热量，通过导能筋在焊接过程中起到能量集中和引导作用，使热量产生在有导能筋的部位，导能筋熔融后实现器件的局部连接。目前，超声波聚合物焊接机理主要包括高频摩擦熔焊和应力应变储能及转换两种解释。高频摩擦熔焊认为接触表面由于超声振动而产生摩擦并提高接触面温度，直到材料熔融从而实现芯片键合。应力应变储能及转换机理认为持续高频交变应力荷载使材料温度迅速升高，在聚合物超声波焊接过程中，产生的热量直接影响焊接界面温度，影响连接面的熔化行为[39]。2006 年，Truckenmuiller 等[40]采用超声波塑料焊接技术实现了集成微米通道和微泵聚合物微流控芯片的键合。Luo 等[41~45]提出了超声压印法制作微米沟道和温度辅助超声法键合 PMMA 微流控芯片，如图 4.11 所示，当辅助温度为 70℃时，通道损失率小于 5.3%，键合强度为 0.21J/cm^2。

在微纳流控芯片的键合过程中，上述工艺一般会借助温度、压力等外部

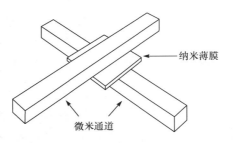

(a) 微纳通道示意图

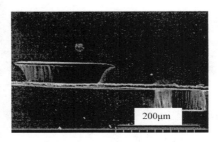

(b) 芯片截面图

(c) 芯片实物图

图 4.10　三明治结构微纳流控芯片[35]

因素实现芯片的键合,而这些外部因素往往会对芯片结构,尤其是纳米结构产生不利影响,如温度引起的膨胀变形,压力引起的收缩变形等。考虑到这些不利影响,研究者通常采用补偿变形量的方法,促使键合后的通道参数满足要求。

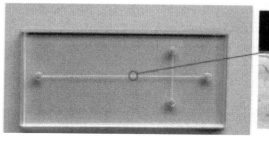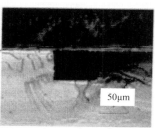

(a) PMMA微流控芯片　　　　　　　　　(b) 通道截面图

图 4.11　采用温度辅助超声法键合 PMMA 微流控芯片[41]

4.2　集成聚丙烯酰胺凝胶玻璃微纳流控芯片的制作

本章提出一种利用倒置荧光显微镜制造微纳流控芯片的简易方法,该方法操作灵活、可控性好,不需要纳米模具、纳米掩膜、高精度光刻机等昂贵耗材与设备就能在微米通道网络内制造出具有纳米孔隙的聚合物纳米塞,从而成功地将纳结构集成到微米通道内制成微纳流控芯片。纳米塞凝胶是由丙烯酰胺单体和交联剂在催化剂作用下聚合形成的三维网状结构凝胶,采用核黄素作为光引发剂提供原始自由基,引发丙烯酰胺单体和交联剂的聚合反应,采用 TEMED(N, N, N', N'-四乙基甲二胺)作为加速剂,加快引发剂释放自由基的速度,从而缩短聚合反应时间。

4.2.1　聚丙烯酰胺凝胶的制作工艺

本章介绍一种利用倒置荧光显微镜制作微纳流控芯片的工艺方法。首先,利用湿法腐蚀、超声打孔、热键合等技术制造具有微米通道的玻璃微流控芯片;然后,通过毛细作用将配置好的光敏聚合物溶液由储液池填充到微米通道内,再将填充好光敏聚合物溶液的芯片放置在显微镜微动平台上,调整显微镜微动平台实现掩膜版和纳米塞位置的对准;最后,利用倒置荧光显微镜(IX71,OLYMPUS)的汞灯光源和二分色镜将特定波长的光聚焦到微米通道内的纳米塞区域,实现可控的光敏聚合反应,形成纳米塞,获得具有微纳复合结构的微纳流控芯片。图 4.12 描述了微纳流控芯片的制作流程,步骤如下:

(1) 光刻。在光刻机平台上,利用掩膜版实现铬板玻璃基底的光刻。

(2) 显影。采用显影工艺,将掩膜版上微米通道网络图形复制到光刻胶层上。

(3) 腐蚀铬层和微米通道。以光刻胶层为掩蔽层腐蚀铬层,将微米通道网络图形复制到铬层上,再以铬层为掩蔽层腐蚀玻璃基底,将微米通道网络图形复制到玻璃基底上,腐蚀液为氢氟酸和硝酸的混合溶液,其与水的体积比为 $5HF : 10HNO_3 : 85H_2O$。

(4) 超声打孔。在微米通道出入口处采用超声打孔技术制作储液池。

(5) 去胶去铬。将玻璃基片上的光刻胶层和铬层去除。

(6) 热键合。采用热键合技术实现玻璃基片和玻璃盖片的键合。

(7) 表面改性。为提高聚合物凝胶纳米塞与微米通道之间的结合力,采用亲和硅烷改性玻璃微米通道表面,促使聚合后的凝胶纳米塞和硅烷化的微米通道表面共价结合。

(8) 填充光敏聚合物溶液。

① 配置光敏聚合物溶液。聚合物溶液包含 $12\mu g/mL$ 的核黄素(光引发剂),$0.1g/mL$ 的丙烯酰胺单体和双丙烯酰胺交联剂(单体和交联剂的质量比为 19:1、14:1、9:1),体积分数为 0.125% 的 TEMED 和 1xTE 缓冲液(10mmol/L Tris-HCl(三羟甲基氨基甲烷盐酸盐),1mmol/L EDTA(乙二胺四乙酸),pH=8.0)。详细步骤如下:首先量取 500mL 去离子水置入烧杯中,加入一小瓶 1xTE 缓冲液粉末并搅拌均匀,记作溶液 A1;量取 6mg 核黄素,置入溶液 A1 中并搅拌均匀,记作溶液 A2;将溶液 A2 平均分为 5 份,取其中一份,记为 A3;量取 0.5g 双丙烯酰胺交联剂,置入 A3 中并搅拌均匀,记为溶液 A4;量取 9.5g 丙烯酰胺单体,置入 A4 中并搅拌均匀,记为溶液 A5;用移液枪量取 0.125mL TEMED 置入 A5 中并搅拌均匀,记作 A6。至此,溶液配置完成。

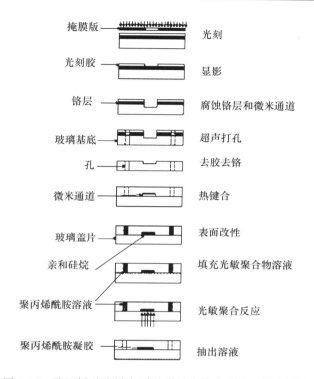

图 4.12　聚丙烯酰胺凝胶-玻璃微纳流控芯片的工艺流程图

② 填充光敏聚合物溶液。将配置好的光敏聚合物溶液填充到储液池中,在毛细力作用下,光敏聚合物溶液逐渐充满微米通道网络。

(9) 光敏聚合反应。

① 曝光光束调节。图 4.13 为基于倒置荧光显微镜光敏聚合反应光路原理与实验,显微镜的汞灯为光敏聚合反应生成聚合物凝胶纳米塞提供激发光源,二分色镜保证了光敏聚合反应激发光的单色性,调节微动平台并借助计算机成像技术实现掩膜版和纳米塞位置的对准。

② 曝光。曝光时间为 10min,采用计算机成像技术对光敏聚合反应进行实时观察。丙烯酰胺单体和交联剂在催化剂作用下反应过程为

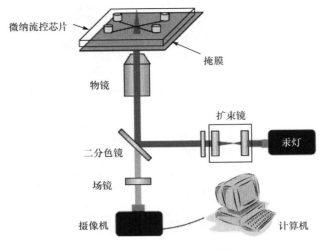

(a) 光路原理图

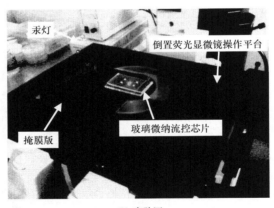

(b) 实验图

图 4.13　基于倒置荧光显微镜光敏聚合反应

$$[CH_2\!=\!CH\!-\!\underset{\underset{O}{\|}}{C}\!-\!NH_2]_{2n}$$

$$+\ [CH_2\!=\!CH\!-\!\underset{\underset{O}{\|}}{C}\!-\!NH\!-\!CH_2\!-\!NH\!-\!\underset{\underset{O}{\|}}{C}\!-\!CH\!=\!CH_2]_n \xrightarrow{\text{光引发剂}}$$

$$[-[CH_2-CH-CH_2-CH]--[CH-CH_2-CH-CH_2]-]_n$$

（以化学结构式形式呈现，顶部取代基为 $C=O-NH_2$、$C=O-NH-CH_2-NH-C=O$，底部取代基为 $O=C-NH_2$）

（10）抽出溶液。

利用真空泵将未反应的光敏聚合物溶液抽出，用去离子水清洗后得到集成聚丙烯酰胺凝胶的玻璃微纳流控芯片，如图 4.14 所示，微米沟道的宽度和深度分别为 $100\mu m$ 和 $25\mu m$，储液池直径为 2mm，聚丙烯酰胺凝胶长度为 $400\mu m$。

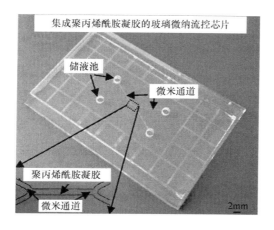

图 4.14　集成聚丙烯酰胺凝胶的玻璃微纳流控芯片

4.2.2　聚丙烯酰胺凝胶给定面积内孔数量的计算

在测量凝胶内部孔径尺寸时，一般可以采用压汞法和氮气吸附法，然而，这两种方法很难测量聚丙烯酰胺凝胶纳米孔径，原因在于凝胶中含有水分。为了测量凝胶内部孔径大小，研究者利用纳米级小球或者 DNA 分子能否通过纳米孔的方法，间接测量凝胶内部孔径，丙烯酰胺单体和交联剂的质量比包括 106∶1、44∶1 和 19∶1 等，孔径从 48nm 减小到 3nm[46,47]。为了表征聚丙烯酰胺凝胶纳米孔径大小并计算给定面积内孔数量，本章采用冷冻干燥方法处理聚丙烯酰胺凝胶来防止纳米孔脱水严重变形[46]，详细步骤如下：在零下 20℃的条件下，预冻聚丙烯酰胺凝胶几小时，采用冷冻干燥机处理样品，在零下 80℃的条件下，将真空度降到 999Pa 以下，24h 后取出脱水的聚丙烯酰胺凝胶。采用扫描电子显微镜（scanning electron microscope，SEM）表征冷冻干燥处理后的聚丙烯酰胺凝胶，如图 4.15 所示，随着交联剂成分的增加，丙烯酰胺单体和交联剂的质量比依次为 19∶1、14∶1、9∶1，凝胶内孔径尺寸逐渐缩小。对给定的单位面积而言，随着凝胶内孔径尺寸的缩小，给定面积内孔数量将会增大，在 SEM 图上选择适当的矩形区域，并计算对应矩形区域内孔的数量，用孔的数量除以对应矩形区域的面积，便得到给定面积内孔数量，为了方便对比观察趋势，本章采用 $100\mu m^2$ 作为单位面积，随着交联剂成分的增加，给定面积内孔数量从 1.2 个/$100\mu m^2$ 增加到 2.4 个/$100\mu m^2$（多次测量的平均结果）。尽管采用 SEM 得到的聚丙烯酰胺凝胶孔径为 $10\sim100\mu m$，但是，给定面积内孔数量的变化趋势和之前一些文章的报道一致[46,47]，可以用来指导富集实验，聚丙烯酰胺凝胶孔径大小的偏差可能是由于聚丙烯酰胺凝胶冷冻干燥处理过程中变形造成的。

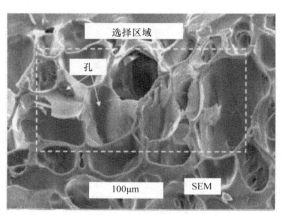

(a) 丙烯酰胺单体和交联剂的质量比为19∶1

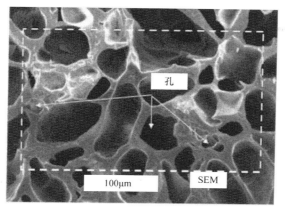

(b) 丙烯酰胺单体和交联剂的质量比为14∶1

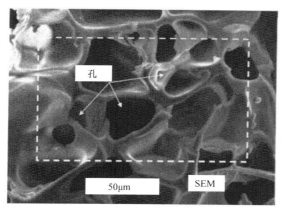

(c) 丙烯酰胺单体和交联剂的质量比为9∶1

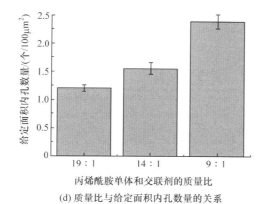

(d) 质量比与给定面积内孔数量的关系

图 4.15 给定面积内不同孔数量聚丙烯酰胺凝胶 SEM 图

4.3　玻璃微纳流控芯片的制作

玻璃微纳流控芯片的制作主要包括两种方法：一种方法是在同一玻璃基底上通过二次光刻工艺先后制作微米沟道和纳米沟道，第二次光刻对纳米掩膜版和玻璃基底上微米沟道的相对位置提出了较高的对准要求；另一种方法是采用微加工工艺分别在两个玻璃基底上制作微米沟道和纳米沟道，通过微纳对准设备实现微纳沟道的位置对准。本章将采用后者制作玻璃微纳流控芯片。

1. 玻璃微纳沟道的制作

本章采用铬板玻璃制作微纳流控芯片，铬板玻璃表面有一层 145nm 的铬层，铬层表面有一层 570nm 的光刻胶层，制作工艺流程如图 4.16 所示，详细步骤如下：①利用掩膜版在光刻机上曝光，时间约为 60s，采用显影液（质量分数为 0.6%～1%NaOH 溶液）将掩膜版上的图形复制到光刻胶上；②以图形化的光刻胶为掩蔽层，利用去铬液腐蚀玻璃上的铬层；③采用氢氟

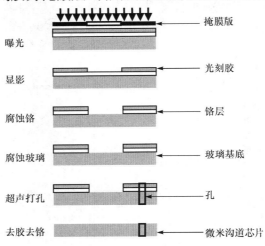

图 4.16　玻璃微米沟道制作工艺流程图

酸、硝酸、去离子水混合溶液腐蚀玻璃基底制作微米沟道;④采用超声打孔机在微米沟道的末端打孔,孔直径为 2mm,去除玻璃表面的铬层和光刻胶层。同理,按照上述工艺流程,可以制作出纳米沟道。

2. 玻璃微纳沟道的对准

本章采用基于倒置荧光显微镜的微纳对准设备进行微纳沟道的对准,本装置主要由以下几部分组成:

(1)显微观测系统。主要装置为一台倒置荧光显微镜,其主要由电源装置、观察筒、载物台、照明柱等组成。系统实现了观测微纳流控芯片精准位置的功能,可以完成两块微纳流控芯片的精确对准。

(2)气路部分真空吸附系统。主要装置为真空泵、真空过滤器、真空调压阀(带压力表)、二位三通手动阀等。连接方法为通过软管依次连接真空过滤器、真空调压阀、二位三通手动阀,最后连接在真空吸盘上。实现了吸附盖片的功能,如图 4.17 所示。

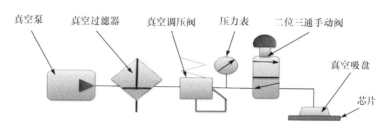

图 4.17　真空吸附系统

(3)机械对准调节系统。由两部分组成,一部分为移动装置,用来完成纳米芯片位置的调整,另一部分为固定装置,用来完成微米芯片的固定操作。

移动装置主要由手动旋转微移动装置、手动三维微移动装置、圆形连接板、真空吸盘连接板、真空吸盘等组成,连接方式如图 4.18 所示。手动三维微移动平台的 X、Y、Z 方向的运动范围为 6.5mm,精度为 0.01mm。手动旋转微移动装置的粗调范围是 360°,精调范围是 6.5°,精度约为 0.0167°。

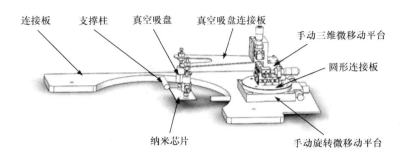

图 4.18　移动装置

固定装置主要由芯片容器、磁铁、螺旋测微微分头、螺旋测微微分头安装座等组成。连接方式如图 4.19 所示。根据芯片尺寸的不同可以更换不同尺寸的磁铁。本装置使用的芯片尺寸为 25mm×50mm，选用 10mm×5mm×2mm 的磁铁。

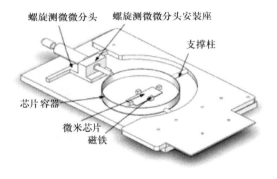

图 4.19　固定装置

本装置的装配方法采用显微视觉观测技术观测微米芯片与纳米芯片的微纳通道对准状态，采用固定微米芯片，移动纳米芯片的方法进行对准操作，具体实施方法如下：

（1）固定微米芯片，把芯片容器放入倒置荧光显微镜相应的圆形空位内，与两个支撑柱接触，调节螺旋测微微分头与芯片容器进行接触，实现芯片容器的固定，然后把微米芯片放入芯片容器中，在微米芯片的四个边放置一对磁铁，通过调整磁铁的位置来实现微米芯片的固定。采用磁铁固定芯片的方法,不但可以方便调整芯片的位置,也可以根据不同尺寸与形状的芯片来更换不同的磁铁,操作简单方便。

（2）移动纳米芯片,具体操作步骤如下。首先,真空吸附纳米芯片,通过打开真空泵、真空调压阀、二位三通手动阀,促使真空吸盘内产生真空,并将纳米芯片吸附起来,如图 4.20(a)所示。其次,调节纳米芯片三坐标位置:调节手动三维微移动部件上的螺旋测微器,并结合倒置荧光显微镜的成像系统,实时观测纳米芯片在 X、Y、Z 轴方向上的位置状态,如图 4.20(b)所示。再次,调节纳米芯片角度位置:通过调节手动旋转微移动部件上的螺旋测微器,并采用倒置荧光显微镜的成像系统,观测并确保纳米结构与微米结构的角度位置,如图 4.20(c)所示。最后,放置纳米芯片:调节手动三维微移动部件上的螺旋测微器,降低纳米芯片在 Z 轴方向上的高度,使其与微米芯片紧密接触。然后,关闭真空阀,使纳米芯片与真空吸盘脱离,完成纳米芯片与微米芯片的对准操作,如图 4.20(d)所示。

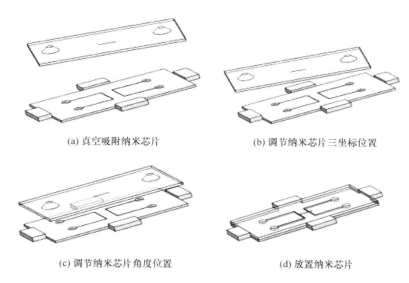

(a) 真空吸附纳米芯片　　　　　　(b) 调节纳米芯片三坐标位置

(c) 调节纳米芯片角度位置　　　　　(d) 放置纳米芯片

图 4.20　纳米芯片移动图

装置完成图如图 4.21 所示,微米沟道片置于圆形培养皿中,其固定由四对磁铁来实现,采用两个真空吸附垫吸附纳米沟道片,通过调节三维移动

平台实现真空吸附垫三坐标系内的移动,实现微纳沟道的对准,如图 4.22
所示,微米沟道宽为 $50\mu m$,深为 $30\mu m$,微米沟道由 20 根纳米沟道阵列垂直
连接,纳米沟道宽为 $5\mu m$,深为 200nm。

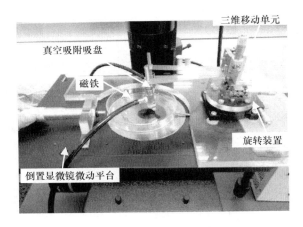

图 4.21　微纳对准设备

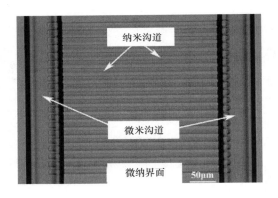

图 4.22　玻璃微纳通道

3. 玻璃微纳沟道芯片的键合

微纳沟道对准后,将装有微纳芯片的培养皿置于热板上实现微纳芯片
预连接,温度为 60℃,2h 后,将微纳流控芯片放到马弗炉中进行热键合,最
高键合温度为 580℃,12h 后取出玻璃微纳流控芯片,如图 4.23 所示。

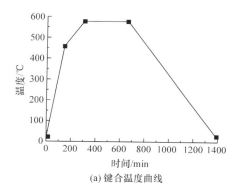

(a) 键合温度曲线

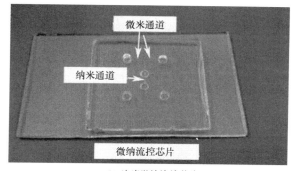

(b) 玻璃微纳流控芯片

图 4.23 玻璃微纳流控芯片的键合工艺

4.4 PMMA 微纳流控芯片的制作

大连理工大学的乔红超[48]提出了一种基于等离子体刻蚀聚合物平面纳米沟道的制作方法。本章在此基础上,研究刻蚀速率和腔室压强、射频功率之间的关系,对刻蚀工艺参数进行优化并制作具有较小沟道表面粗糙度的纳米沟道。利用纳米沟道与热压成形的微米沟道,通过热键合的方法制作 PMMA 微纳流控芯片。

4.4.1 等离子体刻蚀 PMMA 纳米沟道

图 4.24 是采用 PMMA 纳米沟道的工艺流程图,详细步骤如下:①在厚

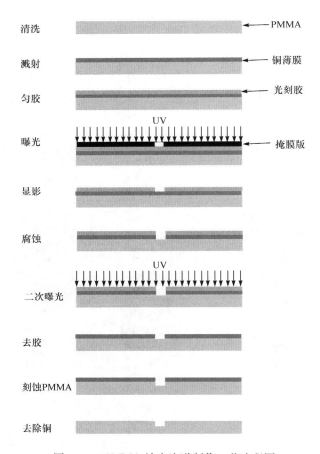

图 4.24　PMMA 纳米沟道制作工艺流程图

度为 1mm 的 PMMA 板材上,利用激光切割机将板材切割成面积为 24mm ×44mm 的 PMMA 基片,将切割好的 PMMA 基片清洗干净后烘干;②在 PMMA 基片上利用磁控溅射台溅射一层约为 100nm 厚的铜薄膜,功率为 300W,时间为 270s;③在铜薄膜表面上利用匀胶机旋涂一层 AZ701 正性光 刻胶,转速为 2600r/min,时间为 30s,放到热板上进行前烘,温度为 55℃,时 间为 45min;④在光刻胶上覆盖掩膜版,利用曝光机曝光,时间为 25s;⑤放 入质量分数为 0.5% 的氢氧化钠显影液中显影,时间约为 1min,再次放到热 板上后烘,温度为 55℃,时间为 60min;⑥放入质量分数为 2.5% 的稀硝酸溶 液中刻蚀裸露的铜,时间约为 120s;⑦用干燥的氮气吹干后,再次放到曝光机上整体曝光,时间为 55s;⑧放入质量分数为 0.5% 的氢氧化钠溶液中去除残留在电极表面的光刻胶,时间约为 60s;⑨用去离子水冲洗并吹干,把 PMMA 基片(带铜薄膜的一面朝上)放入等离子体去胶机中进行等离子体刻蚀,在 PMMA 表面形成纳米沟道,射频功率为 60W,压强为 200Pa,刻蚀时间根据所要刻蚀的纳米沟道深度而定;⑩放入质量分数为 2.5% 稀硝酸溶液中,把 PMMA 基片表面的铜全部腐蚀掉,即得到一维纳米沟道(沟道宽度为 $5\mu m$,长度为 1mm,深度为纳米级)。PMMA 纳米沟道形貌 SEM 照片如图 4.25 所示,纳米沟道宽 $5\mu m$,间距 $10\mu m$,深 100nm。

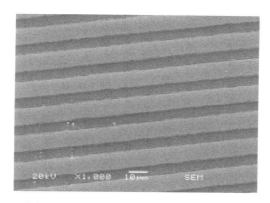

图 4.25　PMMA 纳米沟道形貌 SEM 照片

4.4.2　PMMA 微米沟道热压和芯片键合工艺

热压成形微米沟道所使用的设备和材料为热压/键合机、利用光刻、湿法腐蚀技术制作的硅模具和 PMMA 板材等。硅模具详细制作过程见文献[48]。热压 PMMA 微米沟道的工艺步骤如下:首先将硅模具放置于热压机下热压头上,然后将 PMMA 板材($24mm\times44mm\times1mm$)放到硅模具上,准备就绪后开始热压微米沟道,温度和压力随时间的变化曲线如图 4.26 所示,当温度达到 100℃ 左右时开始施加压力载荷,温度和压力随着时间的增加而增加,保温保压阶段压力和温度分别为 800N 和 127℃。最后,卸载压力和温度载荷后便得到具有微米沟道的 PMMA 芯片,在微米沟道的末端用钻床钻出直径为 2mm 的孔,微米沟道宽为 $90\mu m$,深为 $20\mu m$。

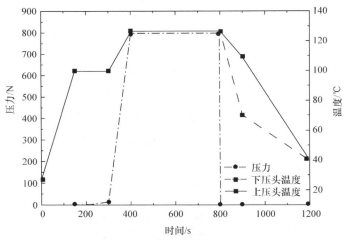

图 4.26　热压过程中温度和压力随时间的变化曲线

4.4.3　PMMA 微纳流控芯片的键合

　　为了避免高温键合对纳米沟道形貌的影响,在进行微纳流控芯片键合之前,采用氧等离子体对微米沟道芯片进行改性,降低其表面接触角,增加表面能,从而降低热键合的温度,实现低温键合。氧等离子体表面改性处理的参数为:射频功率为 60W,腔室压强为 200Pa,时间为 2min。热键合过程中键合压力为 1000N,温度为 85℃,时间为 15min,键合后的微纳流控芯片如图 4.27 所示。

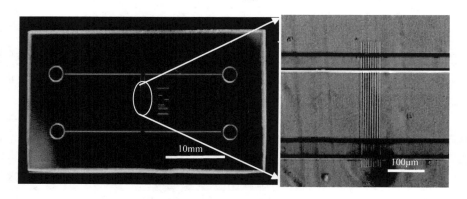

图 4.27　PMMA 微纳流控芯片

参 考 文 献

[1] Liu J S, Qiao H C, Liu C, et al. Plasma assisted thermal bonding for PMMA microfluidic chips with integrated metal microelectrodes[J]. Sensors and Actuators B, 2009, 141(2): 646-651.

[2] 王立鼎,刘冲,徐征,等. 聚合物微纳制造技术[M]. 北京:国防工业出版社,2012.

[3] 杨铎,刘冲,徐征,等. 微注塑成型模具设计与制造技术研究进展[J]. 塑料工业,2010,38 (10):1-5.

[4] Liu Z Y, Loh N H, Tor S B. Binder system for micropowder injection molding[J]. Materials Letters,2001,48(1):31-38.

[5] Heyderman L J, Schift H, David C, et al. Flow behaviour of thin polymer films used for hot embossing lithography[J]. Microelectronic Engineering,2000,54(3):229-245.

[6] Abgrall P, Low L N, Nguyen N T. Fabrication of planar nanofluidic channels in a thermo-plastic by hot-embossing and thermal bonding[J]. Lab on a Chip,2007,7(4):520-522.

[7] Zhao W, Low H Y, Suresh P S. Cross-linked and chemically functionalized polymer supports by reactive reversal nanoimprint lithography[J]. Langmuir,2006,22(12):5520-5524.

[8] Jeong H E, Kim P, Kwak M K, et al. Capillary kinetics of water in homogeneous, hydrophilic polymeric micro to nanochannels[J]. Small,2007,3(5):778-782.

[9] Roberts M A, Joel R, Paul B. UV laser machined polymer substrates for the development of microdiagnostic systems[J]. Analytical Chemistry,1997,69(1):2035-2042.

[10] Lee J H, Chung S, Kim S J, et al. Poly(dimethylsiloxane)-based protein preconcentration u-sing a nanogap generated by junction gap breakdown[J]. Analytical Chemistry, 2007, 79 (17):6868-6873.

[11] Liou A C, Chen R H. Injection molding of polymer micro-and sub-micron structures with high-aspect ratios[J]. International Journal of Advanced Manufacturing Technology,2006, 28(11-12):1097-1103.

[12] 杨铎. 聚合物熔体表面效应与平板微器件的注塑成型研究[D]. 大连:大连理工大学,2011.

[13] Wu C H, Chen W S. Injection molding of grating optical elements with microfeatures[C]// Proceedings of the SPIE:The International Society for Optical Engineering, Sydney, 2004: 293-304.

[14] Liu C,Li J M,Liu J S,et al. Deformation behavior of solid polymer during hot embossing process[J]. Microelectronic Engineering,2010,87(2):200-207.

[15] Guo L J,Cheng X,Chou C F. Fabrication of size-controllable nanofluidic channels by nano-imprinting and its application for DNA stretching[J]. Nano Letters,2004,4(1):69-73.

[16] Kim S M,Burns M A,Hasselbrink E F. Electrokinetic protein preconcentration using a simple glass/poly(dimethylsiloxane) microfluidic chip[J]. Analytical Chemistry,2006,78(14):4779-4785.

[17] Fanzio P,Mussi V,Manneschi C,et al. DNA detection with a polymeric nanochannel device[J]. Lab on a Chip,2011,11(17):2961-2966.

[18] Xu Z,Wen J K,Liu C,et al. Research on forming and application of U-form glass micro-nanofluidic chip with long nanochannels[J]. Microfluidics and Nanofluidics,2009,7(3):423-429.

[19] Liu S R,Pu Q S,Gao L,et al. From nanochannel-induced proton conduction enhancement to a nanochannel-based fuel cell[J]. Nano letters,2005,5(7):1389-1393.

[20] Kim T,Meyhofer E. Nanofluidic concentration of selectively extracted biomolecule analytes by microtubules[J]. Analytical Chemistry,2008,80(14):5383-5390.

[21] Duan C H,Majumdar A. Anomalous ion transport in 2nm hydrophilic nanochannels[J]. Nature Nanotechnology,2010,5:848-852.

[22] Hu X Q,He Q H,Zhang X B,et al. Fabrication of fluidic chips with 1D nanochannels on PMMA substrates by photoresist-free UV-lithography and UV-assisted low-temperature bonding[J]. Microfluidics and Nanofluidics,2011,10(6):1223-1232.

[23] Wang L P,Shao P G,Kan J. Fabrication of nanofluidic devices utilizing proton beam writing and thermal bonding techniques[J]. Nuclear Instruments and Methods in Physics Research B,2007,260(1):450-454.

[24] Yu H,Lu Y,Zhou Y G,et al. A simple,disposable microfluidic device for rapid protein concentration and purification via direct-printing[J]. Lab on a Chip,2008,8(9):1496-1501.

[25] Wang Y C,Tsau C H,Burg T P,et al. Efficient biomolecule pre-concentration by nanofilter-triggered electrokinetic trapping[C]//The 9th International Conference on Miniaturized Systems for Chemistry and Life Sciences,Boston,2005:238-240.

[26] Eijkel J C T,Bomer J,Tas N R. 1D nanochannels fabricated in polyimide[J]. Lab on a Chip,2004,4(3):161-163.

[27] Sivanesan P,Okamoto K,English D,et al. Polymer nanochannels fabricated by thermome-

chanical deformation for single-molecule analysis[J]. Analytical Chemistry,2005,77(7): 2252-2258.

[28] Li J M,Liu C,Ke X,et al. Microchannel refill:A new method for fabricating 2D nanochannels in polymer substrates[J]. Lab on a Chip,2012,12(20):4059-4062.

[29] Park D S,Hupert M L,Witek M A. A titer plate-based polymer microfluidic platform for high throughput nucleic acid purification[J]. Biomed Microdevices,2008,10:21-33.

[30] Sun Y,Kwok Y C,Nguyen N T. Low-pressure,high-temperature thermal bonding of polymeric microfluidic devices and their applications for electrophoretic separation[J]. Journal of Micromechanics and Microengineering,2006,16(18):1681-1688.

[31] Ahn C H,Choi J W,Beaucage G,et al. Disposable smart lab on a chip for point-of-care clinical diagnostics[J]. Proceedings of the IEEE,2004,92(1):154-173.

[32] Lee J H,Han J. Concentration-enhanced rapid detection of human chorionic gonadotropin as a tumor marker using a nanofluidic preconcentrator[J]. Microfluidics and Nanofluidics, 2010,9:973-979.

[33] He Q H,Liu H,Chen S,et al. Fabrication of full glass chips with hybrid micro- and nanochannels and their application to protein concentration[C]//Proceedings of the 2009 IEEE 3rd International Conference on Nano/Molecular Medicine and Engineering,Tainan, 2009:46-47.

[34] 董媛媛,胡贤巧,陈双. 玻璃微-纳流控芯片的制备及在蛋白质电动纳流体富集中的应用 [J]. 高等学校化学学报,2012,33:931-936.

[35] Kuo T C,Cannon Jr D M,Shannon M A,et al. Hybrid three-dimensional nanofluidic/microfluidic devices using molecular gates[J]. Sensors and Actuators A:Physical,2003,102 (3):223-233.

[36] Prakash S,Piruska A,Gatimu E N,et al. Nanofluidics:Systems and applications[J]. IEEE Sensors Journal,2008,8(5):441-450.

[37] Chun H,Chung T D,Ramsey J M. High yield sample preconcentration using a highly ion-conductive charge-selective polymer[J]. Analytical Chemistry,2010,82:6287-6292.

[38] Shen M,Yang H,Sivagnanam V,et al. Microfluidic protein preconcentrator using a microchannel-integrated nafion strip:Experiment and modeling[J]. Analytical Chemistry,2010, 82(24):9989-9997.

[39] 张宗波. 聚合物微流控芯片超声波键合机理与方法研究[D]. 大连:大连理工大学,2010.

[40] Truckenmuiller R,Ahrens R,Cheng Y,et al. An ultrasonic welding based process for build-

ing up a new class of inert fluidic microsensors and actuators from polymers[J]. Sensors and Actuators A: Physical, 2006, 132(1): 385-392.

[41] Luo Y, Zhang Z B, Wang X D, et al. Ultrasonic bonding for thermoplastic microfluidic devices without energy director[J]. Microelectronic Engineering, 2010, 87(11): 2429-2436.

[42] Zhang Z B, Wang X D, Luo Y, et al. Thermal assisted ultrasonic bonding method for poly (methyl methacrylate) (PMMA) microfluidic devices[J]. Talanta, 2010, 81(4): 1331-1338.

[43] Qi N, Luo Y, Yan X, et al. Using silicon molds for ultrasonic embossing on polymethyl methacrylate (PMMA) substrates[J]. Microsystem Technologies, 2013, 19(4): 609-616.

[44] Zhang Z B, Luo Y, Wang X D, et al. Bonding of planar poly(methyl methacrylate)(PMMA) nanofluidic channels using thermal assisted ultrasonic bonding method[J]. Microsystem Technologies, 2010, 16(12): 2043-2048.

[45] Zhang Z B, Wang X D, Luo Y, et al. Study on heating process of ultrasonic welding for thermoplastics[J]. Journal of Thermoplastic Composite Materials, 2010, 23(6): 647-664.

[46] Kremer M, Pothmann E, Rossler T, et al. Pore-sizedistributions of cationic polyacrylamide hydrogels varying in initial monomer concentration and cross-linker/monomer ratio[J]. Macromolecules, 1994, 27(11): 2965-2973.

[47] Valade D, Wong L K, Jeon J Y, et al. Polyacrylamide hydrogel membranes with controlled-pore sizes[J]. Journal of Polymer Science Part A: Polymer Chemistry, 2013, 51 (1): 129-138.

[48] 乔红超. 基于等离子体技术的聚合物微纳流控芯片制作[D]. 大连: 大连理工大学, 2008.

第5章　电动纳流体富集实验与免疫分析

为了验证关于电化学势驱动离子富集方法和富集相关参数对富集倍率影响的理论分析。首先,采用玻璃微纳流控芯片,进行电化学势驱动离子富集实验,验证阴阳离子富集实验的差异,实现稳定性较好的阴离子富集过程。其次,采用聚丙烯酰胺凝胶-玻璃微纳流控芯片,开展 FITC 离子和牛血清蛋白富集实验,分析离子和蛋白富集实验的差异,验证外加电压、给定面积内孔数量对富集倍率的影响。最后,将电动纳流体富集实验应用于磁珠抗原抗体免疫分析中,增强荧光检测信号,有望提高抗原检测灵敏度。

5.1　基于电动纳流体的富集应用研究现状

电动纳流体富集实验可以将低浓度待测小分子或大分子,浓缩到检测区域进行分析,提高其检测灵敏度,最终实现低浓度待测样品的检测。电动纳流体富集实验已应用于蛋白、DNA 等大分子富集实验、荧光标记免疫反应和酶促反应动力学研究等领域中。

1. 蛋白和 DNA 分子富集

蛋白、DNA 分子尺寸大小和纳米通道或纳米孔在相近的数量级上,利用基于尺寸相应和排斥富集效应的电动纳流体富集,可以将蛋白或 DNA 分子浓缩于纳米通道或纳米孔的一端,从而实现蛋白或 DNA 分子的高倍富集。2005 年,Wang 等[1]制作了一种高效纳流控样品浓缩装置,分别采用湿法腐蚀技术和反应离子刻蚀技术制作微米沟道和纳米沟道,电动纳流体富集可以维持若干小时,蛋白富集倍率可达百万倍。2010 年,Stein 等[2]采用电动纳流体富集的方式,在纳流控装置中实现了 DNA 浓缩,实验和理论研究揭示了电渗流和电泳相互作用的机制,并认为电导同样起着关键作用,影响着纳米通道内的电场分布。

2. 荧光标记免疫反应

荧光标记免疫反应是临床上常用的免疫分析方法,是一种采用抗原抗体特异性结合反应检测待测样品的分析方法。在待测样品浓度较低的条件下,由于样品、试剂自身荧光或激发光散射的影响,背景荧光影响了检测灵敏度。电动纳流体富集实验可以有效地增强样品浓度而提高检测灵敏度。2010 年,Lee 等[3]等报道了一种利用电动纳流体富集增强蛋白免疫结合的方法,采用人类绒毛膜促性腺激素(hCG)作为分析物,展示了血清中肿瘤标志物动态浓缩操作的潜在能力,富集倍率可达 500。2013 年,Han 等[4]将电动纳流体富集实验应用到小分子的竞争免疫反应实验中,如图 5.1 所示,富集后的荧光标记生物素可以用来定量研究两种生物素的竞争免疫程度。

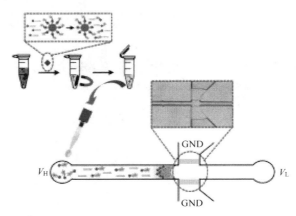

图 5.1　电动纳流体富集用于竞争免疫实验[4]

3. 生物分子选择性提取

生物分子选择性提取是一种从含有不同生物分子溶液中选择性地提取某种生物分子的技术。生物分子的单一性和结合反应的高效性要求样品结合反应能在较高的浓度下进行,然而,生物分子大多均匀分布于溶液中,电动纳流体富集生物分子实验可以将某种生物分子富集于结合反应区。2008年,Kim 等[5]采用二次光刻技术在同一玻璃芯片上制作微米沟道和纳米沟道,利用热键合技术实现了玻璃芯片的键合,采用微管与分子的结合技术和微管的定向迁移技术,实现了生物分子的选择性提取和高倍浓缩,富集倍率可到 5 个数量级。

4. 酶促反应

电动纳流体富集实验可以将某种蛋白酶富集于纳米通道一端,酶作用物在电场驱动下,运输到酶富集区并与酶发生酶促反应生成新的产物,这一产物可以穿过纳米通道并被检测,检测方法为电化学检测。2010 年,Wang等[6]利用集成电化学检测器的微纳流控预浓缩装置,研究了酶富集和酶促反应过程,葡萄糖氧化酶被选择作为模型酶来研究酶浓度对酶反应的影响,见图 5.2,不同浓度葡萄糖氧化酶通过控制富集时间来实现,对恒定浓度的葡萄糖溶液而言,电化学响应和葡萄糖氧化酶富集时间呈正向关系,在适当条件下,电化学响应与葡萄糖浓度呈线性关系(0~15mmol/L)。

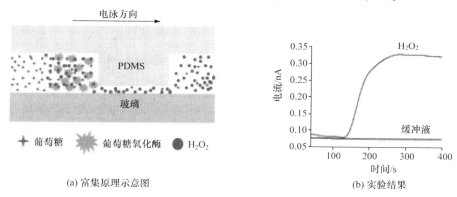

(a) 富集原理示意图　　　　　　　　　　　(b) 实验结果

图 5.2　基于电动纳流体富集方法的酶反应过程[6]

5. 海水纯化

利用电动纳流体富集实验的耗尽现象,可以有效地降低样品在耗尽区的浓度。2010 年,Kim 等[7]采用离子选择性薄膜进行电动纳流体富集实验,将海水(含盐量约500mmol/L或30000mg/L)分成了脱盐和浓缩盐两部分,实现了在低功耗(3.5W·h/L)条件下海水向淡水(含盐量<10mmol/L或<600mg/L)的连续转化,见图5.3。

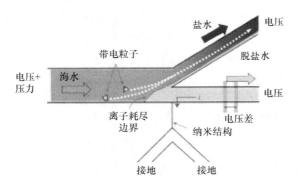

图5.3　电动纳流体富集用于海水纯化[7]

以上内容总结了在电动纳流体富集研究方面的代表性工作,论述了电动纳流体富集研究背景及意义、电动纳流体富集理论研究现状、微纳流控芯片制作方法研究现状、电动纳流体富集应用研究现状。可知,电动纳流体富集可以应用到海水纯化、免疫检测、酶反应动力学等多领域中。然而,在电动纳流体富集的理论与实验研究方面还有很多挑战:电动纳流体富集机理研究尚处于定性阶段,缺乏定量研究富集相关参数对富集倍率影响的方法,给定长度内纳米通道数量等结构参数对电动纳流体富集倍率的影响规律尚未探明;将高密度纳米结构集成到微米结构中的制作工艺尚不稳定,如纳米通道尺寸一致性、分布均匀性受到材料和加工工艺的限制,严重影响了电动纳流体富集的稳定性和实用性。

5.2　电化学势驱动离子富集实验

本书开展了电化学势驱动FITC和罗丹明6G离子富集实验,分析了电流、电化学势和富集荧光强度之间的关系,讨论了氧化还原反应对离子富集过程的影响。图5.4(a)为电化学势驱动离子富集实验中使用的玻璃微纳流控芯片。图 5.4(b)描述了电极、导线、储液池和微米通道的连接方法。正负电极通过导线相连接,相同极性的电极插入同一根微米通道连接的储液池中。电子在导线中的移动方向为从负极到正极。Pt 电极作为正极,Al、Fe 和 Cu 电极作为负极,电极的直径为 1mm。缓冲液为 10mmol/L 氯化钾溶液,样品溶液为 10μmol/L FITC。

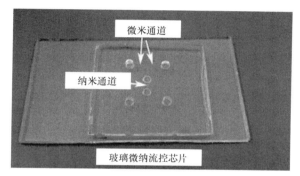

(a) 玻璃微纳流控芯片

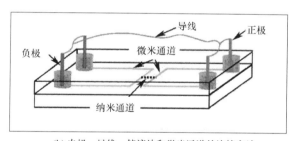

(b) 电极、导线、储液池和微米通道的连接方法

图 5.4 离子富集实验

如图 5.5(a)、(b)所示,基于 Fe-Pt 和 Al-Pt 电极的 FITC 离子富集现象比较明显,富集现象可以持续若干分钟,然而,基于 Cu-Pt 电极的富集现象不明显。由于 FITC 溶液具有弱酸性,溶液具有一定数量的氢离子,Fe 和 Al 电极容易被氧化而失去电子,正极和负极之间便产生了电化学势并驱动离子输运和富集。然而,Cu 电极很难被弱酸溶液氧化而失去电子,正极和负极之间不能形成电化学势,因此其电化学势应该是 0V 而不是表 2.1 列出的 0.34V。为了进一步验证以上结果,不同状态(初始状态、Al-Pt 电极

（10s、20s）、Fe-Pt 电极（10s、20s）和 Cu-Pt 电极（10s、20s））的 8 个点荧光强度被提取并描绘成图 5.5(c)，这 8 个点（点 2～9）均匀分布在富集区域的微米通道里，初始状态和 Cu-Pt 电极（10s、20s）的荧光强度基本一致，Al-Pt 电极（10s、20s）和 Fe-Pt 电极（10s、20s）的荧光强度明显大于初始值。对一个给定的玻璃微纳流控芯片而言，离子富集荧光强度主要取决于离子电泳力，而离子电泳力则主要依靠电化学势的大小，较大的电化学势对应较高的离子富集荧光强度，根据表 2.1，Al-Pt 电极的电化学势大于 Fe-Pt 电极的电化学势，所以，Al-Pt 电极的富集荧光强度大于基于 Fe-Pt 电极的富集荧光强度，而 Cu-Pt 电极的电化学势最小，对应其富集荧光强度也最弱。另外，离子富集荧光强度表现出时间依赖性，Al-Pt 和 Fe-Pt 电极在 20s 时刻的富集荧光强度要大于 10s 时刻，离子富集过程是一个排斥力和电泳力相互作用的平衡过程，离子富集开始阶段，作用于离子的电泳力大于排斥力，导致离子向纳米通道端口处移动，在此过程中，排斥力不断增强，最后，离子最大富集荧光强度则发生在作用于多数离子的排斥力和电泳力达到平衡的阶段。

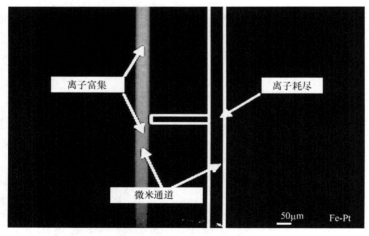

(a) 基于 Fe-Pt 电极的离子富集实验结果

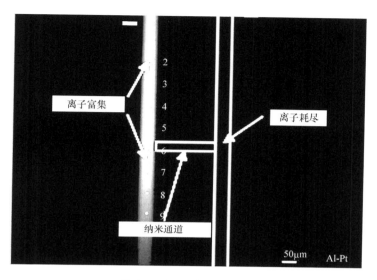

(b) 基于Al-Pt电极的离子富集实验结果

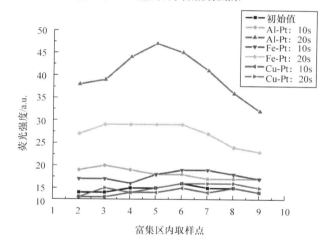

(c) 不同时刻(初始状态，Al-Pt(10s、20s)，Fe-Pt(10s、20s)和Cu-Pt(10s、20s))8个点的荧光强度，这8个点(点2~9)沿富集区域微米通道方向均匀分布

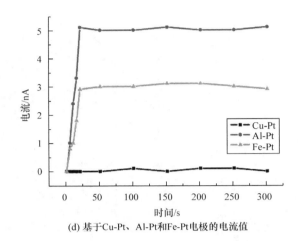

(d) 基于Cu-Pt、Al-Pt和Fe-Pt电极的电流值

图 5.5　基于电化学势离子富集实验结果

同时,富集荧光强度结果也可以通过电流值得到验证。图 5.5(d)描述了基于 Cu-Pt、Al-Pt 和 Fe-Pt 电极富集过程中的电流值,基于 Cu-Pt 电极的富集电流没有明显变化,基于 Al-Pt 和 Fe-Pt 电极的富集电流在 0~20s 逐渐增大,然后保持稳定并持续若干分钟。电流的产生主要归因于电化学势的形成。基于 Cu-Pt 电极的富集实验结果可以验证这一点,0V 的电化学势对应 0nA 的电流。当电化学势形成以后,电化学势驱动溶液中离子输运,系统便产生了电流,离子在微纳界面处富集,从富集图像上可以得到富集荧光强度。因此,较大电流对应较大富集荧光强度。由于基于 Al-Pt 电极的电化学势为 1.66V,高于基于 Fe-Pt 电极 0.44V 的电化学势,因此 Al-Pt 电极 5.0nA 的电流值高于 Fe-Pt 电极 2.9nA 的电流值,Al-Pt 和 Fe-Pt 电极的富集荧光强度分别为 40.2 和 27.1。

在大连理工大学化工学院干细胞与组织工程实验室的帮助下,本书进行了电化学势驱动带有正电荷的罗丹明 6G(三种溶液浓度为 $0.1\mu mol/L$、$1\mu mol/L$、$10\mu mol/L$,Amresco,USA)离子富集实验,图 5.6 为电化学势驱动罗丹明 6G 离子富集实验结果,实验过程中微纳界面处罗丹明 6G 离子没有发生富集和耗尽现象。玻璃微纳流控芯片壁面带有负电荷,会吸引带有正电荷的罗丹明 6G 离子,而不会排斥带有正电荷的罗丹明 6G 离子。罗丹明 6G 离子在电化学势的作用下,可以顺利通过纳米通道,并没有在纳米通道内部发生富集现象。实验结果验证了第 2 章关于阴阳离子富集过程差异的分析,即阴离子发生富集,阳离子不发生富集(壁面电荷为负电荷)。

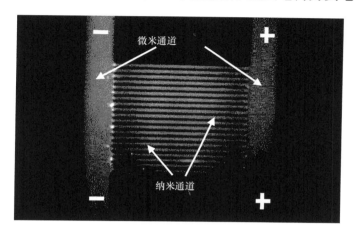

图 5.6　罗丹明 6G 离子富集实验结果

在负极区域,因为负极被氧化而失去电子,金属离子逐渐产生并进入整个系统。储液池中的 Fe^{2+} 或 Al^{3+} 有两种输运形式,包括电渗流和电泳。如图 2.9 所示,因为 Fe 或 Al 电极是负极,吸引 Fe^{2+} 或 Al^{3+},所以电泳方向是从 Fe^{2+} 或 Al^{3+} 指向 Fe 或 Al 电极。同时,因为 Pt 电极是正极,所以电渗流方向是从 Pt 电极指向 Fe 或 Al 电极。当进行氧化还原反应时,有一定数量的金属离子进入整个系统,这些金属离子总是围绕或吸引在 Fe 或 Al 电极周围,而不能自由地输运到富集区域。因此,金属离子对离子富集区的影响甚微。通过电流的计算公式(5.1),可以获得导线内输运的电荷数量,因此,进入系统的金属离子可以通过公式(5.2)计算而得。

$$n=Q/e=It/e \tag{5.1}$$

$$m=n/z \tag{5.2}$$

式中,n 为导线内输运的电荷数量;Q 为电量;e 为元电荷;I 为电流;t 为氧化反应时间;m 为金属离子的数量;z 为金属离子化合价的绝对值。按照氧化还原反应时间为 5min 进行计算,进入系统内的 Fe^{2+}、Al^{3+} 的数量分别为

4.5pmol、5.2pmol。

5.3　外加电压驱动离子和蛋白富集实验

本书采用集成聚丙烯酰胺凝胶纳米塞-玻璃微纳流控芯片,分别开展了电动 FITC 离子和牛血清蛋白富集实验,分析了离子和蛋白富集实验的差异,验证了外加电压、给定面积内孔数量对富集倍率的影响。富集倍率是采用荧光标定方法而获得的。

5.3.1　荧光离子富集实验

本书采用集成聚丙烯酰胺凝胶纳米塞的玻璃微纳流控芯片,进行了电动离子富集实验,采用 10mmol/L 氯化钾溶液、10nmol/L FITC 分别作为缓冲液、富集样品溶液。

在外加电压作用下,阳离子从正极向负极移动,不会受到凝胶纳米孔双电层交叠引起的唐南排斥力作用,可以顺利穿过凝胶纳米孔,而阴离子受到凝胶纳米孔双电层交叠引起的唐南排斥力作用,很难穿过凝胶纳米孔而发生富集,图 5.7 描述了外加电压为 300V 时荧光强度随时间变化过程,从图中可以看出,当富集时间小于 40s 时,荧光强度不够明显,随着时间的增加,荧光强度逐渐增加,当富集时间达到 120s 时,富集倍率达到了峰值,从标定的结果可以看出,峰值强度与 $6\mu mol/L$ FITC 样品溶液的荧光强度一致,富集倍率可达 600。富集稳定性优劣直接关系到后续实验能否顺利进行,目前,还没有理论能对富集稳定性进行很好的分析。从输运的角度来看,维持富集状态主要依靠离子电泳力和纳米孔双电层交叠引起的唐南排斥力之间的平衡,当外加电压引起的离子电泳力与双电层交叠引起的唐南排斥力相匹配时,富集的状态得以维持,故影响富集稳定的因素主要包括外加电压和给定面积内孔数量等。

图 5.8(a)~(c)展示了三种聚丙烯酰胺凝胶(19∶1、14∶1、9∶1)在各自峰值电压下(100V、380V、300V)形成的峰值荧光强度。三种凝胶配比

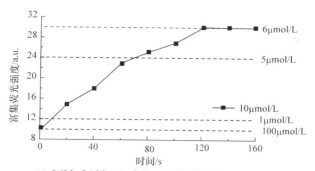

(a) 在外加电压为300V条件下，初始浓度为10nmol/L
的FITC荧光强度与富集时间的关系

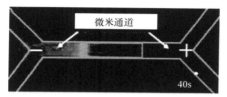

(b) 外加电压300V施加40s时富集实验图

(c) 外加电压300V施加80s时富集实验图

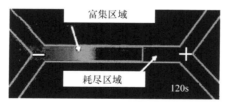

(d) 外加电压300V施加120s时富集实验图

图 5.7　9∶1 聚丙烯酰胺凝胶的 FITC 富集结果

中,配比为 19∶1 的聚丙烯酰胺凝胶 FITC 荧光强度不明显,配比为 9∶1 的聚丙烯酰胺凝胶的峰值荧光强度最大。随着给定面积内孔数量的提高(凝胶配比从 19∶1、14∶1 到 9∶1),单位面积内孔的数量增加,单个纳米孔的尺寸减小,促使凝胶中双电层交叠引起的唐南排斥力增强,进而降低阴离子穿过纳米通道的数量,并使更多的阴离子富集在纳米通道的阴极端口,从而提高了电动纳流体富集倍率,这一结果与第 2 章关于给定面积内孔数量对电动纳流体富集倍率的计算结果一致,即提高给定面积内孔数量可以增强电动纳流体富集倍率。

图 5.8(d)展示了三种凝胶配比(19∶1、14∶1、9∶1)的 FITC 荧光强度与外加电压的关系,从图中显示的结果可以知道,三种配比所形成的荧光强度和电压的关系曲线具有一个相同的变化趋势,即 FITC 荧光强度在低电压时逐渐增加,达到峰值后会降低。例如,配比为 9∶1 的凝胶 FITC 荧光强度在电压小于 100V 时不明显,在电压为 100～200V 内逐渐增加,在电压为 300V 时达到峰值。对给定的微纳流控芯片而言,本书认为其唐南排斥力相对不变,随着外加电压的提高,离子电泳力增强,较大的离子电泳力会促使离子富集区域的宽度缩小,例如,电化学势驱动离子富集的区域较宽(图 5.5(a)、(b)),富集的离子分布在较长的微米通道内,而相对较大的外加电压驱动离子富集区域较窄(图 5.8(a)、(b)、(c))。所以,一定范围内提高电压有助于增强富集离子的电泳力,从而提高离子富集倍率。这一结果与第 3 章关于电压对富集倍率的计算结果一致,即一定范围内提高外加电压有助于增大富集倍率。

(a) 配比为19∶1的凝胶在100V电压下的富集实验图

(b) 配比为14∶1的凝胶在380V电压下的富集实验图

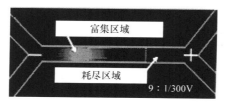

(c) 配比为9∶1的凝胶在300V电压下的富集实验图

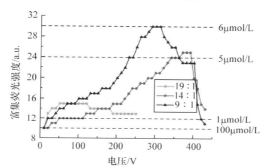

(d) 三种凝胶的FITC荧光强度与外加电压的关系

(e) 配比为9∶1的凝胶在100V外加电压下的富集实验图

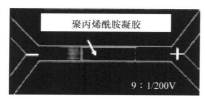

(f) 配比为9∶1的凝胶在200V外加电压下的富集实验图

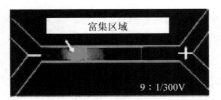

(g) 配比为9∶1的凝胶在300V外加电压下的富集实验图

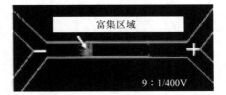

(h) 配比为9∶1的凝胶在400V外加电压下的富集实验图

图 5.8　三种聚丙烯酰胺凝胶(19∶1、14∶1、9∶1)的 FITC 富集结果

　　然而,当电压高于峰值电压时,FITC 荧光强度逐渐降低,如电压为400V 时富集荧光强度减弱,这一现象被定义为"击穿现象",此现象被归因于高电压引起的强电泳,由于高电压引起的离子电泳动量过大,双电层交叠引起的唐南排斥力相对减弱,不能阻止阴离子在外加电场作用下的定向迁移,如图 5.9 所示,随着外加电压的不断增加,富集荧光强度逐渐减弱。

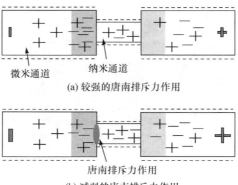

(a) 较强的唐南排斥力作用

(b) 减弱的唐南排斥力作用

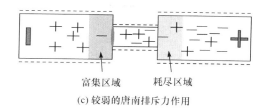

富集区域　　　　耗尽区域

(c) 较弱的唐南排斥力作用

图 5.9　外加电压与双电层交叠引起的唐南排斥力作用的关系

-----壁面电荷；——阴离子；十阳离子

5.3.2　牛血清蛋白富集实验

本书采用 0.002ng/mL FITC 标记牛血清蛋白(bovine serum albumin, BSA)，分子质量为 68kDa($1Da = 1.66054 \times 10^{-27}$ kg)，分子直径大小约为 10nm)实现了大分子富集。从图 5.10 可以看出，富集荧光强度的变化趋势为先逐渐增大直至最大值，然后开始降低，例如，14：1 凝胶的富集荧光强度，从 10V 开始逐渐增强，在 850V 左右达到峰值，在 950V 附近降为最低并基本不再变化。大分子富集实验的荧光强度随电压变化趋势和小分子(如 FITC，分子质量为 389.4Da，分子直径大小约为 1nm)富集实验的荧光强度变化趋势一致。大分子和小分子富集实验存在两个主要的差异，一个是大分子的最大富集倍率远远高于小分子几百倍的富集倍率，采用荧光标定 0.002ng/mL FITC 标记牛血清蛋白富集实验，其富集倍率可达 108，另一个是大分子的最大富集倍率没有发生在 9：1 配比凝胶富集实验中，而是发生在 14：1 配比凝胶富集实验中。以上两种差异的出现要归因于大小分子富集机理的不同，小分子富集的产生主要依靠双电层交叠引起的唐南排斥力作用，而大分子不仅受到双电层交叠引起的唐南排斥力作用，更主要受到基于尺寸大小的阻碍效应作用，即相互交错的长链大分子受到尺寸在相近数量级上的纳米多孔结构的阻碍，而不能顺利穿过凝胶纳米孔并在凝胶的一端富集。

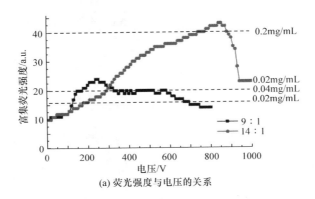

(a) 荧光强度与电压的关系

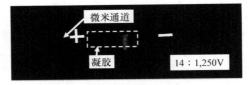

(b) 14∶1聚丙烯凝胶分别在250V外加电压下的富集实验图

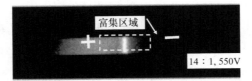

(c) 14∶1聚丙烯凝胶分别在550V外加电压下的富集实验图

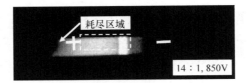

(d) 14∶1聚丙烯凝胶分别在850V外加电压下的富集实验图

图 5.10　牛血清蛋白富集实验结果

5.4　基于电动纳流体的富集抗原免疫反应

　　免疫反应是人体疾病检测的常用方法,微量物质(心肌梗死标志物、肿瘤发生早期标志物、感染性疾病、体内激素等)由于其分子太小或其浓度太低,往往很难被准确检测到,如人体血清抗-磷酸多聚核糖基核糖醇(polyribosylribitol phosphate,PRP)抗体浓度达到 0.15μg/mL 可起到有效的保护作用[8],而像这种低浓度抗体的检测就要求免疫反应具有较高的灵敏度。本章将电动纳流体蛋白富集应用到抗体抗原的免疫反应实验中,通过富集低浓度的抗原提高其与抗体结合数量,从而实现低浓度抗原的有效检测,有望降低抗原蛋白的检测限。实验中采用偶联磁珠的羊抗兔 IgG 作为抗体并将其固定于富集区域内,采用 FITC 标记的兔 IgG 作为抗原并将其充满芯片的微米通道中,加电富集促使兔 IgG 抗原在富集区域富集并与偶联磁珠的抗体结合。

5.4.1　抗原抗体免疫反应

抗原抗体免疫反应[9,10]是指抗原与相应抗体之间所发生的特异性结合反应,抗原抗体免疫反应具有特异性、比例性和可逆性的特点。

特异性是由抗原决定簇和抗体分子超变区之间空间结构的互补性确定的。比例性是指抗原与抗体的免疫反应遵循一定的量比关系,在抗原抗体比例相当或抗原稍过剩的情况下反应最彻底,形成的免疫复合物沉淀最多。然而当抗原抗体比例超过此范围时,反应速度和沉淀物量都会迅速降低甚至不出现抗原抗体反应。可逆性是指抗原抗体结合形成复合物后,在一定条件下又可解离恢复为抗原与抗体的特性。由于抗原抗体反应是分子表面的非共价键结合,所形成的复合物并不牢固,可以随时解离,解离后的抗原抗体仍保持原来的理化特征和生物学活性。

5.4.2　富集抗原免疫反应

电动纳流体富集抗原免疫反应原理如图 5.11 所示,将偶联抗体磁珠的位置调整到凝胶的负极端——富集区域,通过加电促使通道内低浓度荧光标记抗原在凝胶负极端发生富集,由于磁珠位置和富集区域的重合,富集的荧光标记抗原可以直接和偶联磁珠的抗体进行免疫反应,有助于免疫反应的高效进行。

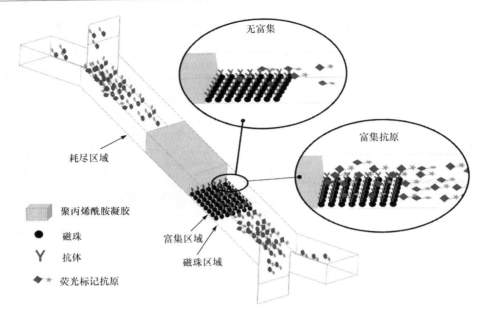

耗尽区域

聚丙烯酰胺凝胶

磁珠

抗体

荧光标记抗原

无富集

富集抗原

富集区域

磁珠区域

图 5.11　抗原免疫反应示意图

1. 磁珠的固定

基于储液池液面高低差异产生的压差驱动磁珠在微米通道中输运,调整磁铁位置可将磁珠控制在微米通道的岔口处,使用磁铁沿岔口处至凝胶方向在芯片表面重复滑移,从而促使岔口处堆积的磁珠滑移到富集区域内,这样便可以保障在冲洗微米通道内溶液时磁珠不发生移动,固定好的磁珠如图 5.12 所示。

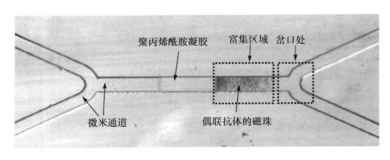

聚丙烯酰胺凝胶　　富集区域　岔口处

微米通道　　　　偶联抗体的磁珠

图 5.12　磁珠的固定

2. 无富集抗原和富集抗原的免疫反应

本书进行了无富集抗原的免疫反应实验,详细步骤如下:①将磁珠固定于免疫反应区;②将 100ng/mL FITC 标记的抗原溶液注入微米通道中;③在37℃的恒温环境中进行免疫反应,时间为 1h;④清洗微米通道中 FITC标记的抗原溶液。实验结果如图 5.13(a)所示。此外,本书进行了富集抗原的免疫反应实验,实验步骤比无富集抗原免疫反应实验多了一步,即为加电富集(电压为 50V,持续时间为 2min),富集效果如图 5.13(b)所示。清洗微米通道中 FITC 标记的抗原溶液后,实验结果如图 5.13(c)所示。在磁珠所在区域内选取一个数据提取区域,提取了 150 个点所对应荧光强度并求和,其值如图 5.13(d)所示分别为 1524、1891 和 1271,富集抗原后免疫反应荧光强度明显强于无富集抗原免疫反应,采用电动纳流体富集抗原实验提高了 19% 的免疫荧光强度。本书采用配比为 14∶1 的凝胶进行了富集抗原免疫反应,实验结果如图 5.14 所示,富集电压为 100V,持续时间为 2min。无富集抗原免疫反应、富集效果和富集抗原免疫反应所对应的荧光强度分别为 1283、2827 和 2070,采用电动纳流体富集抗原实验提高了 60% 的免疫荧光强度。综上所述,富集抗原免疫反应可以实现低浓度抗原的有效检测,有望提高其检测灵敏度。

(a) 无富集抗原免疫反应

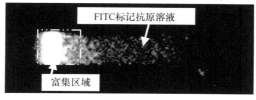

(b) 富集效果

(c) 富集抗原免疫反应

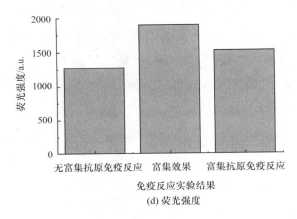

(d) 荧光强度

图 5.13　19∶1 凝胶富集 FITC 标记抗原免疫反应

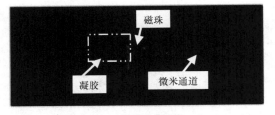

(a) 无富集免疫反应

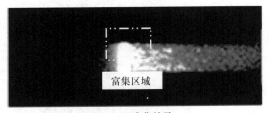

(b) 富集效果

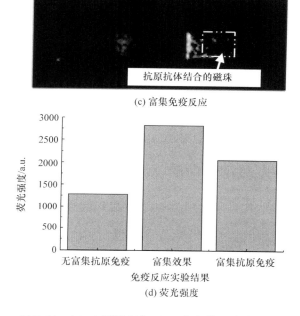

图 5.14　14∶1 凝胶富集 FITC 标记抗原免疫反应

3. 免疫反应的对照实验

可行性是指抗体抗原是否可以顺利结合,可靠性为免疫反应后的荧光信号是否排除了游离抗原的荧光干扰,为了验证富集抗原免疫反应的可行性和可靠性,本书进行了免疫反应的对照实验。详细步骤如下:①将磁珠固定于免疫反应区,而对照区则没有磁珠;②将 100ng/mL FITC 标记的抗原溶液注入微米通道中并扩散至对照区和免疫反应区内(见图 5.15(b));③在 37℃的恒温环境中进行免疫反应,时间为 1h;④清洗微米通道中的 FITC 标记的抗原溶液。实验结果如图 5.15(a)所示,对照区内的荧光强度恢复至注入抗原溶液前的初始状态,而免疫反应区的荧光强度相对较高。对照实验证明:抗体抗原免疫反应可以顺利发生,同时游离的 FITC 标记抗原可以顺利冲洗出微米通道。

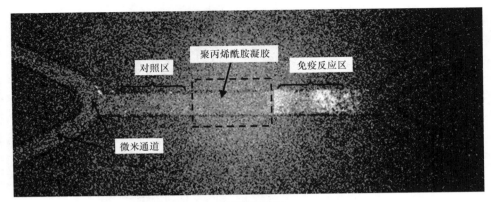

(a) 对照实验结果

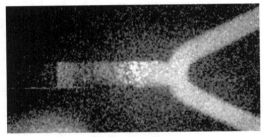

(b) 对照实验初始状态

图 5.15　免疫反应对照实验

本章开展的主要工作如下：

（1）基于第 3 章制作的玻璃微纳流控芯片，开展了电化学势驱动离子富集实验，验证了阴阳离子富集过程的差异，即阴离子发生富集、阳离子不发生富集。基于第 3 章制作的聚丙烯酰胺凝胶-玻璃微纳流控芯片，开展了电动纳流体离子和蛋白富集实验，实现了稳定性较好、600 倍的 FITC 离子富集和 108 倍（从荧光标记的结果看）的 0.002ng/mL FITC 标记的牛血清蛋白富集。验证了第 2 章关于电化学势驱动离子富集方法和电动离子富集相关参数（给定面积内孔数量和外加电压）对富集倍率影响的理论分析。

（2）采用偶联磁珠抗体与标记 FITC 抗原的免疫反应进行了电动纳流体富集的应用实验，分别采用兔 IgG 和羊抗兔 IgG 作为抗原和抗体，采用磁铁将偶联抗体的磁珠固定于凝胶的一端——富集区,采用加电的方式将FITC 标记的抗原浓缩于富集区,在 37℃恒温烘箱内进行抗原抗体免疫反应。结果表明:电动纳流体富集可以有效增强免疫反应荧光检测信号,提高了 60%的免疫荧光强度,有望降低抗原蛋白的检测限。

参 考 文 献

[1] Wang Y C,Stevens A L,Han J. Million-fold preconcentration of proteins and peptides by nanofluidic filter[J]. Analytical Chemistry,2005,77(14):4293-4299.

[2] Stein D,Deurvorst Z,van der Heyden F H J,et al. Electrokinetic concentration of DNA polymers in nanofluidic channels[J]. Nano Letters,2010,10(3):765-772.

[3] Lee J H,Han J. Concentration-enhanced rapid detection of human chorionic gonadotropin as a tumor marker using a nanofluidic preconcentrator[J]. Microfluidics and Nanofluidics,2010,9(4):973-979.

[4] Han D,Kim K B,Kim Y R,et al. Electrokinetic concentration on a microfluidic chip using polyelectrolytic gel plugs for small molecule immunoassay[J]. Electrochimica Acta,2013,110(6):164-171.

[5] Kim T,Meyhofer E. Nanofluidic concentration of selectively extracted biomolecule analytes by microtubules[J]. Analytical Chemistry,2008,80(14):5383-5390.

[6] Wang C,Li S J,Wu Z Q,et al. Study on the kinetics of homogeneous enzyme reactions in a micro/nanofluidics device[J]. Lab on a Chip,2010,10(5):639-646.

[7] Kim S J,Ko S H,Kang K H,et al. Direct seawater desalination by ion concentration polarization[J]. Nature Nanotechnology,2010,5(4):297-301.

[8] Clemens S A,Azevedo T,Homma A. Feasibility study of the immunogenicity and safety of a novel DTPw/Hib (PRP-T) Brazilian combination compared to a licensed vaccine in healthy children at 2,4,and 6 months of age[J]. Revista da Sociedade Brasileira de Medicina Tropical,2003,36(3):321-330.

[9] 朱立平,陈学清. 免疫学常用实验方法[M]. 北京:人民军医出版社,2000.

[10] 魏春生,高小平. 毒品胶体金免疫层析检测板在缉毒侦查中的应用[J]. 中国药物依赖性杂志,2011,20(3):235-237.

第6章 结 论

纳流体特征尺度介于量子力学与微流体力学研究尺度之间,将纳流体与微流体相结合,利用二者结构特征尺寸在限域内变化引起的流阻和双电层等物理特征的跃迁产生的跨尺度效应,可以实现微量进样、高倍富集、纯化、DNA 快速分离等功能。其中,微纳流控芯片中的电动纳流体富集是目前关注重点之一,研究者利用各种微纳流控芯片,获得对诸多蛋白大分子的百万倍以上富集以及荷电小分子的千倍左右富集,提高了系统检测灵敏度。电动纳流体富集在免疫检测、酶促反应等方面得到应用,并有望应用于癌症早期痕量标志物检测。然而,电动纳流体富集机理的研究尚处于起步阶段,缺乏将高密度纳米结构集成到微米结构中的制作工艺,严重影响了电动纳流体富集的性能。本书针对上述问题,通过数值计算方法分析了微纳通道结构中电动纳流体富集过程,研究了电动纳流体富集相关参数对富集性能的影响,制作了不同基底材料的微纳流控芯片,实现了具有高富集倍率和良好稳定性的电动纳流体富集,主要结论如下:

(1) 针对微纳通道结构中电动离子富集现象,构建了耦合泊松-能斯特-普朗克和纳维-斯托克斯方程组的数学模型,用于描述电动离子富集过程。提出了电化学势代替外部电源作为电动离子富集的驱动电压,讨论了不同电极材料对电化学势的影响,分析了电渗流对离子富集的影响。

(2) 采用数值模拟方法研究了微纳通道中的电动离子富集过程,提出了以电泳-电渗流相对通量作为衡量阴离子富集倍率的指标,定量分析了流体黏度、外加电压、微纳通道壁面电荷密度、给定长度内纳米通道数量和纳米通道深度对阴离子富集倍率的影响,给出了增强阴离子富集倍率的方法,包括降低流体黏度、提高外加电压、增强微纳通道壁面电荷密度、加深纳米通道深度和提高给定长度内纳米通道数量等。

（3）提出了一种制作聚丙烯酰胺凝胶-玻璃微纳流控芯片的方法,该方法利用光刻、腐蚀、热键合等传统微加工技术和基于聚丙烯酰胺凝胶的光敏聚合反应,实现了在玻璃芯片微米通道内集成聚丙烯酰胺凝胶纳米塞获得微纳流控芯片,研制了三种配比（丙烯酰胺单体和交联剂配比为 19∶1、14∶1、9∶1）的聚丙烯酰胺凝胶纳米塞,随着交联剂比例的增加,聚丙烯酰胺凝胶孔径缩小,在冷冻干燥处理的情况下,给定面积内孔数量从 1.2 个/$100\mu m^2$ 增加到 2.4 个/$100\mu m^2$。

（4）采用微加工技术分别在两个玻璃基底上湿法腐蚀微米沟道和纳米沟道,利用基于倒置荧光显微镜的微纳对准设备,实现微米沟道和纳米沟道的对准,采用低温加热的方法实现玻璃微纳流控芯片的预连接,采用热键合技术实现玻璃微纳流控芯片的键合,纳米通道宽度为 $10\mu m$,深度为 100～200nm,微米通道宽度为 $100\mu m$,深度为 $30\mu m$。

（5）采用等离子体刻蚀法,在聚合物 PMMA 基底上制作 9 条阵列平面纳米沟道,纳米沟道深 100nm,宽 $5\mu m$,长 1mm,刻蚀速率为 10nm/min,表面粗糙度为 1.7nm,利用该纳米沟道与另一片带有微米沟道的 PMMA 平板,采用热键合的方法制成 PMMA 微纳流控芯片。

（6）开展了电化学势驱动离子富集实验,验证了阴阳离子富集过程的差异,即阴离子发生富集、阳离子不发生富集。基于第 3 章制作的聚丙烯酰胺凝胶-玻璃微纳流控芯片,开展了电动纳流体离子和蛋白富集实验,实现了稳定性较好、600 倍的 FITC 离子富集和 108 倍（从荧光标记的结果看）的 0.002ng/mL FITC 标记的牛血清蛋白富集。验证了第 2 章关于电化学势驱动离子富集方法和电动离子富集相关参数（给定面积内孔数量和外加电压）对富集倍率影响的理论分析。

（7）采用偶联磁珠抗体与标记 FITC 抗原的免疫反应进行了电动纳流体富集的应用实验,分别采用兔 IgG 和羊抗兔 IgG 作为抗原和抗体,采用磁铁将偶联抗体的磁珠固定于凝胶的一端——富集区,采用加电的方式将 FITC 标记的抗原浓缩于富集区,在 37℃恒温烘箱内进行抗原抗体免疫反应。结果表明:电动纳流体富集可以有效增强免疫反应荧光检测信号,提高了 60％的免疫荧光强度,有望降低抗原蛋白的检测限。

富集微纳流控芯片的开发及应用是 DNA 分析、免疫学测定、疾病诊断等领域的大势所趋,而其制造成形技术和芯片富集性能则是目前制约应用和推广的关键难题。本书虽然围绕富集微纳流控芯片的低成本制作方法和电动纳流体富集方法进行了尝试、探究,但仍有许多方面需要在今后开展进一步的研究工作:①本书主要针对外加电压和给定面积内纳米孔数量对电动纳流体富集倍率进行了理论分析和实验验证,对于流体黏度、微纳壁面电荷密度和纳米通道深度的研究尚未系统、完整,其实验验证有待于今后进行深入研究;②凝胶玻璃微纳流控芯片在增强电动纳流体富集倍率方面的优势已通过实验所证实,但内部孔径表征等方面工作有待于今后进一步开展。